정책연구시리즈 2023-04

재생에너지 구매제도 및 지원정책 개선 과제

윤여창

정책연구시리즈 **2023-04**

재생에너지 구매제도 및 지원정책 개선 과제

저 자

윤여창 | 한국개발연구원 연구위원

연구지원

류현정 | 한국개발연구원 연구원

발간사

기후변화 문제가 본격화되면서 탈탄소화 전환과 재생에너지 사용의 확대는 점차 국가 차원의 문제에서 기업 단위의 의사결정으로 진화하고 있다. 이러한 과정에서 ESG와 같이 기업의 지속가능성과 관련된 비재무정보들이 기업의 가치에 미치는 영향이 강조되면서, 글로벌 공급망과 투자자들로부터 기업의 청정에너지 사용에 대한 압력이 증가하는 추세이다.

국내에서는 그동안 기업의 재생에너지 구매가 제도적인 이유로 제한되어 있었지만, 2021년에 K-RE100 제도가 도입되면서 기업이 재생에너지를 구매할 수 있는 다양한 이행수단이 마련되었다. 이를 통해 기업들이 재생에너지 발전사업자로부터 재생에너지를 구매하는 거래시장이 형성되었다. 한편, 국가 재생에너지 비중에 대한 목표를 달성하기 위해 기존 대형발전사에 일정 비중 이상의 재생에너지 생산을 의무화하는 제도인 RPS가 2012년부터 도입되어 운영되고 있었다. 이로 인해 재생에너지의 공급의무를 가지는 대형발전사들이 재생에너지 발전사업자와 거래하는 시장이 운영되어 왔다. 따라서 재생에너지 발전사업자가 기업과 대형발전사라는 두 구매자 중 어느 쪽에 재생에너지를 판매할지 선택하는 형태의 거래시장이 형성되고 있다.

본 보고서에서는 재생에너지 구매자와 판매자가 양방향에서 재생에너지를 거래할 시장과 방식을 선택하는 모형을 통해 국내 재생에너지 구매제도와 지원정책을 분석한다. 이를 통해 기업이 참여하는 자발적 시장내 다양한 이행수단들 간의 연계성뿐만 아니라, 규제에 의해 형성된 의무시장이 자발적 시장에 미치는 영향을 살펴본다. 그리고 배출권거래제나 전력시장 등 인접 제도들의 왜곡이 재생에너지 거래시장에 미치는 영향을 분석한다. 이러한 분석을 기반으로 재생에너지 구매제도와 지원정책에 대한 정책적 시사점을 제시한다.

본 보고서의 출간에는 많은 분들의 협조와 지원이 있었다. 국내외 재생에너지 정책과 제도에 대한 이해를 높여준 전문가들과 본원의 연구위원들, 정책담당자들에게 감사의 인사를 드리는 바이다. 또한 이유진 연구원과 류현정 연구원은 연구 과정에서 분석을 위한 자료를 수집하고 정리하는 등 큰 도움을 주었다. 마지막으로 보고서를 개선하는 데 건설적인 의견을 제시해 준 익명의 검토자 두 분에게도 감사의 뜻을 전한다.

마지막으로 본 보고서에 제시된 의견은 저자의 개인적 의견이며 본원의 공식 견해가 아님을 밝혀 두는 바이다.

2023년 10월
한국개발연구원 원장
조 동 철

목 차

◈ 표 목 차

◈ 그 림 목 차

요 약

전 세계적으로 기후변화에 대한 관심과 위기의식이 커지면서, 글로벌 투자사와 공급망으로부터 온실가스 감축과 재생에너지 사용에 대한 압력이 증대되고 있다. 특히 기업의 온실가스 배출량이나 에너지 사용량과 같은 비재무정보에 대한 공시가 점차 의무화되는 움직임을 보이며, 재생에너지 사용은 이제 국가 차원이 아닌 기업 단위에서도 중요한 문제가 되고 있다.

전력시장의 구조적 요인으로 인해 국내 기업들은 재생에너지만을 별도로 구매할 수 없던 상황이었으나, 기업의 재생에너지 구매에 대한 수요가 증가하면서 기업을 위한 재생에너지 구매제도인 K-RE100 제도가 2021년에 도입되었다. K-RE100 제도에서는 녹색프리미엄과 K-RE100 REC 구매, 직접 PPA, 제3자 PPA와 같이 다양한 이행수단들이 마련되었다. 이러한 이행수단들은 각각 거래방식과 온실가스 감축실적 인정 여부, 발전원 선택 가능 여부 등에 있어서 일부 차이를 보인다.

녹색프리미엄을 이용하면 기업들은 기존 전기요금에 별도의 프리미엄을 추가적으로 납부하여 한국전력공사로부터 재생에너지를 구매할 수 있다. 다만, 녹색프리미엄을 통한 재생에너지 구매는 다른 이행수단들과는 달리, 재생에너지 발전원의 종류를 특정해서 선택할 수 없고 배출권거래제에서의 감축실적으로 인정되지 않는다. 직접 PPA는 양자 간 계약 형태로, 기업들이 재생에너지 발전사업자로부터 재생에너지로 생산된 전기와 함께 재생에너지 인증서를 구매할 수 있는 방식이다. 그리고 K-RE100 REC 구매제도를 통해서 전기는 한전으로부터 구매하고 재생에너지 인증서만을 별도로 재생에너지 발전사업자로부터 구매할 수 있는 방안도 마련되었다. 이와 같이 K-RE100 제도가 도입되면서 기업의 자발적 수요를 위한 재생에너지 거래시장들이 형성되고 있다.

한편, 우리나라에서는 재생에너지 보급을 지원하기 위해 신·재생에너지 공급의무화제도(RPS)가 2012년부터 도입되어 운영되고 있다. RPS 제도는 대형발전사들에 발전량의 일정 비율 이상을 신·재생에너지로 공급하도록 의무를 부여한다. 대형발전사들은 공급의무 이행을 위해 재생에너지 발전사업자로부터 재생에너지 인증서(REC)를 구매할 수 있다. 따라서 재생에너지 지원정책인 RPS 제도로 인해 대형발전사와 재생에너지 발전사업자 간의 재생에너지 거래시장이 형성되어 있다.

결과적으로 국내 재생에너지 거래시장에는 기업의 자발적 수요에 의해 형성된 재생에너지 거래시장인 K-RE100 제도와 규제에 의해 형성된 재생에너지 거래시장인 RPS 제도가 공존하게 되었다. 재생에너지 구매자와 판매자는 양방향에서 재생에너지 거래시장을 선택하는 문제에 직면한다. 구매자인 기업은 K-RE100 거래시장에서 녹색프리미엄, K-RE100 REC, 직접 PPA 등의 거래방식을 통해서 재생에너지를 구매할 수 있고, 대형발전사는 RPS 거래시장에서 REC를 구매한다. 한편, 판매자인 재생에너지 발전사업자는 재생에너지를 RPS REC 시장에서 판매하거나 K-RE100 시장에서 PPA나 K-RE100 REC를 통해 판매한다.

국내에서 RE100 참여를 선언하는 기업의 수는 증가하고 있지만, PPA나 K-RE100 REC 구매는 활성화되지 않고 있다. 설문조사에 따르면 RE100 참여 기업들은 직접 PPA, REC 구매, 녹색프리미엄 순으로 이행수단을 선호하지만, 실제 이행은 녹색프리미엄으로 편중되고 있다. 따라서 현재 재생에너지 거래시장에는 기업의 재생에너지 구매에 대한 수요가 적절하게 반영되지 못하고 있는 것으로 보인다. 이러한 상황에서 녹색프리미엄 가격은 경매에서 설정된 하한 가격에 가깝게 형성되고 있다.

본 연구는 재생에너지 구매자와 판매자가 양방향에서 거래방식을 선택하고, 선택한 거래시장에서 내리는 의사결정에 대한 이론모형을 구축한다. 이를 통해 K-RE100 내 이행수단들 간의 관계를 살펴본다. 또한 K-RE100 제도와 RPS 제도, 배출권거래제, 전력시장의 전기요금 문제 등 인접 제도들과의 연계성을 분석한다.

모형에 대한 분석 결과를 살펴보면, 우선 RPS의 제도적 특징이 K-RE100 거래시장에 상당한 영향을 미친다. RPS 제도에서 높은 가중치를 받는 재생에너지 발전사업자의 경우 K-RE100 거래시장에서 판매할 유인이 낮다. 따라서 K-RE100 시장의 구매자인 기업은 PPA에서 다양한 재생에너지 발전원을 구성하기 어렵게 된다. 또한 RPS 제도에서의 재생에너지 공급에 대한 보상이 상향되면, K-RE100 REC 시장에서는 거래량이 줄어들고 거래가격이 높아지게 된다. 한편, 녹색프리미엄이나 배출권가격이 재생에너지 발전단가보다 지나치게 낮은 상황에서는, PPA와 K-RE100 REC 시장이 활성화되기 어렵고 기업의 재생에너지 구매가 녹색프리미엄으로 편중되는 현상이 발생한다. 전기요금이 전력도매가격보다 낮게 형성되는 경우에도 PPA 거래는 활성화되기 어렵다.

기업의 재생에너지 구매에 대한 수요가 시장에 적절하게 반영되기 위해서는, 우선 K-RE100 제도의 이행수단들 간 연계성과 재생에너지 추가성을 고려하여 K-RE100 제도를 정비할 필요가 있다. 녹색프리미엄의 가격하한과 판매물량 선정의 적절성을 검토하고, 직접 PPA를 지속적으로 개선하며 고도화해야 한다. 국내 재생에너지 정책은 RPS 제도를 기반으로 공급의무와 재생에너지 공급에 대한 보상을 강조하는 방향으로 진행되어 왔다. 앞으로는 기업의 재생에너지에 대한 자발적 수요를 함께 고려하여 재생에너지 정책을 설계해야 한다. RPS 제도의 가중치를 간소화하여, RPS 제도에서 공급이 왜곡되는 문제뿐만 아니라 K-RE100 이행수단들 간의 불균형을 개선할 필요가 있다. 또한 RPS REC 시장에서 수요측의 경쟁을 촉진할 수 있도록 RPS 제도에 대한 개선이 필요하다. 마지막으로 배출권거래제와 전력시장 등 인접 제도들에서 발생하는 왜곡이 해당 제도뿐만 아니라 K-RE100 제도에 상당한 영향을 미친다는 점을 인지할 필요가 있다.

제1장

서 론

기후변화에 대한 국제적 관심과 우려가 커지면서, 기업의 온실가스 배출량이나 에너지 사용 관련 비재무정보가 기업의 가치와 자본조달 비용에 장기적으로 영향을 미칠 수 있다는 인식이 확대되고 있다. 그리고 비재무정보를 기반으로 하는 투자가 증가하면서, 관련 정보에 대한 공시가 의무화되는 추세이다. 국제회계기준(IFRS)의 국제 지속가능성 기준위원회(ISSB), EU의 유럽 지속가능성 공시기준(ESRS), 미국의 증권거래위원회(SEC)는 기업의 탄소배출량이나 에너지 사용량과 같은 비재무정보에 대한 공시를 의무화할 예정이다. 특히 ISSB와 ESRS는 기후공시에 기업의 직접 배출량인 Scope 1과 간접 배출량인 Scope 2뿐만 아니라, 해당 기업의 공급망 전반에 걸쳐 발생하는 탄소배출량인 Scope 3를 포함시키도록 요구한다.[1] Scope 3 배출량을 줄이기 위해 기업들은 자사의 온실가스 배출량뿐만 아니라 공급망 내 다른 협력사들의 배출량을 줄여야 한다. 동

1 Scope 1은 업체가 화석연료를 연소시키거나 생산 공정 과정에서 온실가스를 대기 중으로 배출시키는 직접 배출량을 의미한다. Scope 2는 업체가 외부에서 공급된 전기나 열을 소비함에 따라 발생하는 간접 배출량을 의미한다. Scope 3는 업체가 포함되어 있는 공급망 전체와 관련된 모든 간접 배출량을 의미한다. Scope 3의 측정 범위는 광범위하며, Scope 3 배출량을 산정하고 추정하기 위한 표준은 아직 마련되어 있지 않다. 다만, 그린워싱 위험을 완화하고 배출량 공시의 신뢰성을 확보하기 위해 Scope 3 배출량 산정의 중요성은 강조되고 있다. MS와 아마존, 딜로이트 등은 자사의 데이터 플랫폼에 Scope 3 배출 추적기능을 추가하였다.

시에 EU의 탄소국경조정제도(CBAM)가 본격적으로 시행되기 시작했고, 선도그룹연합(FMC)과 글로벌 지속가능 철강협정(GSSA) 논의가 진행되고 있다. 이에 따라 글로벌 투자사와 공급망 내에서 기업의 탈탄소화 및 재생에너지 사용에 대한 압력이 증대되고 있다.

결과적으로 수출경쟁력 확보를 위해서도 기업들의 저탄소 전환은 중요해지고 있으며, 국제 무역시장에서 탄소배출의 감축 문제는 기업의 경쟁력과 연결되고 있다. 지금까지는 국가 단위에서의 에너지 믹스와 재생에너지 목표를 고민해 왔지만, 최근에는 기업 단위에서의 에너지 믹스와 재생에너지 선택의 중요성이 강조된다. 기업들의 경쟁력 측면에 있어서도 청정에너지 활용의 중요성이 대두되는 상황으로, 국가 차원의 재생에너지 목표 달성뿐만 아니라 기업의 재생에너지 구매를 위한 제도적 여건을 형성할 필요성이 증가하고 있다.

이러한 가운데 국내외에서 글로벌 RE100 캠페인에 참여하는 기업들이 증가하고 있다. 글로벌 RE100은 기업이 소비전력의 100%를 2050년까지 태양광이나 풍력 등 재생에너지로 발전된 전력으로 사용하겠다는 자발적 이니셔티브이다. 2022년 기준, 전 세계적으로는 410여 개의 기업이, 국내에서는 32개 기업이 글로벌 RE100 가입을 선언하였다.[2]

글로벌 RE100은 참여 기업의 연간 전력 사용량 기준으로 재생에너지 이행실적을 모니터링하는 총량 관점의 접근방식을 취한다. 따라서 참여 기업들은 재생에너지 사용을 인증하기 위해 다양한 조달방식을 활용하고 있다. 조달방식은 거래대상과 전기·인증서의 묶음 여부에 따라 구분된다. [그림 1-1]에서 볼 수 있듯이, 글로벌 RE100 참여 기업들은 일반적으로 PPA, 공급자와의 계약, 인증서 거래를 활용해서 재생에너지를 조달한다. PPA는 재생에너지 발전사업자와의 전력거래계약을 통해 기업이 재생에너지로 생산된 전기와 재생에너지 인증서를 묶어서 구매하는 방식이다. 공급자와의 계약(Contract with Supplier)은 기업이 전기판매자로부터 전기뿐만 아니라 재생에너지 인증서를 함께 구매하는 방식이다. 이들은

2 글로벌 RE100은 연간 전력소비량이 100GWh 이상이거나 Fortune 1,000대 기업과 같이 글로벌 위상을 가진 기업을 대상으로 한다(RE100 정보플랫폼).

[그림 1-1] 글로벌 RE100 내 재생에너지 조달방식의 구성

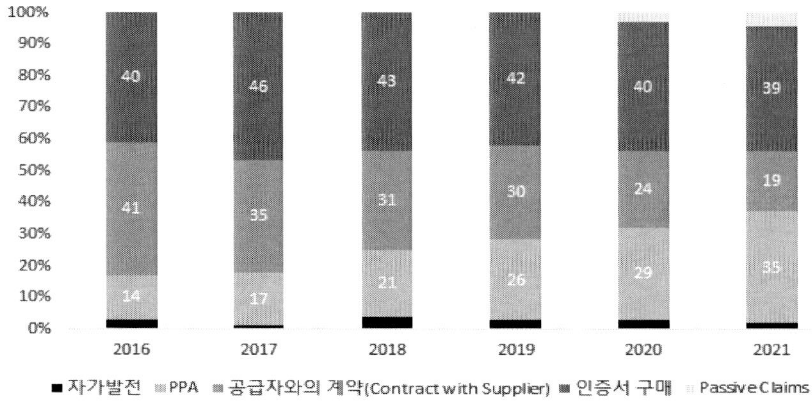

자료: The Climate Group & CDP(2023).

전기와 재생에너지 인증서를 묶어서 거래하는 방식이지만, 거래대상에 차이가 있다. 한편, 인증서 구매(Unbundled EACs)는 전기 구매와는 별도로 재생에너지 인증서만을 기업이 재생에너지 발전사업자로부터 구매하는 방식이다.[3] 글로벌 RE100 내 재생에너지 조달방식에서 인증서 거래가 지속적으로 가장 큰 비중을 차지하는 가운데, 최근에는 PPA의 비중이 증가하는 추세이다.[4]

한편, 일부 국내 기업의 경우 이미 해외에서는 재생에너지로의 에너지 전환을 추진하고 있었으나, 국내에서는 전력시장의 구조적 한계로 인해 기업이 재생에너지만을 별도로 구매하기는 어려웠던 상황이었다. 국내 전력시장에서 전기판매사업 허가는 한국전력공사(이하 한전)에만 독점적으로 부여되어 있었다. 한전이 전력도매시장에서 다양한 발전사업자들로부터 전력을 구매해서 소매시장에 판매하기 때문에, 소매전력은 다양한 발전원이 믹스되어 있는 형태이다. 따라서 소비자들은 구매 전력 중 재생에너지만을 선택할 수는 없었다.

---

3 K-RE100 제도에서 활용되는 재생에너지 조달방식은 제2장에서 구체적으로 살펴본다.

4 재생에너지 조달방식의 구성은 지역별로 차이를 보인다. 북미는 PPA의 비중이 가장 높고, 유럽은 공급자와의 계약과 인증서 구매 비중이 높다. 한편, 아시아의 경우 인증서 구매, PPA, 공급자와의 계약 순으로 비중이 높다(The Climate Group & CDP, 2023).

국내에도 RE100을 이행하기 위한 제도적 장치가 필요하다는 요구가 지속적으로 제기되었고, 2020년 9월 2일에 「그린뉴딜 정책간담회」를 통해 '국내 RE100 이행 지원방안'이 발표되었다. 이후 「신·재생에너지 설비의 지원 등에 관한 규정」이 개정되어,[5] 한국형 RE100(이하 K-RE100) 제도의 구체적 이행방안이 발표되었다. 이를 통해 일반 기업들을 위한 재생에너지 구매제도가 마련되었다고 볼 수 있다.[6] 2023년 9월을 기준으로 총 157개 기업이 K-RE100 제도에 가입해 있다(RE100 정보 플랫폼).

국내에도 기업의 재생에너지 구매에 대한 자발적 수요를 기반으로 하는 재생에너지 구매제도와 거래시장이 마련되었지만, 그 수요가 재생에너지 거래시장에 적절하게 반영되고 있다고 보기는 어려운 상황이다. <표 1-1>에서 볼 수 있듯이, 국내 K-RE100 제도에서 기업의 재생에너지 구매는 2022년 발전량 기준 98% 이상이 녹색프리미엄으로 이행되고 있다. [그림 1-1]에서 살펴본 바와 같이 글로벌 RE100에서는 다양한 이행수단들을 통해 재생에너지가 거래되고 있는 것과 달리, 국내 K-RE100 제도에서는 녹색프리미엄이라는 특정 이행수단에 지나치게 편중되고 있는

<표 1-1> K-RE100 이행 현황

(단위: GWh)

이행수단	2021년	2022년	2023년	합계
녹색프리미엄	1,440	5,384	6,741	13,566
인증서(REC) 구매	4.9	64	264	333
보유REC 전환	-	871	-	871
제3자 PPA	-	2.8	0.6	3.4
직접 PPA	-	-	-	-
자체 건설	5.3	11.4	-	16.7
합계	1,451	6,334	7,006	14,791

주: 1) 보유REC 전환은 한국수자원공사에 해당함.
2) 자료는 2023년 6월 이행실적 기준임.
자료: 이상준(2023).

5 「신·재생에너지 설비의 지원 등에 관한 규정」(산업통상자원부 고시 제2020-217호).

6 글로벌 RE100과 달리 K-RE100 제도는 참여자격 제한을 두지 않으며, 이행목표의 중간경로를 설정하도록 권고하지 않는다.

셈이다.

녹색프리미엄은 K-RE100 제도에 가입하지 않아도 재생에너지를 구매할 수 있어 간편하다는 장점이 있다. 하지만 녹색프리미엄의 판매물량은 한전이 RPS로 확보한 재생에너지 인증서를 기반으로 한다. 따라서 이중계산 문제로 인해 녹색프리미엄으로 구매한 재생에너지는 배출권거래제에서 온실가스 감축실적으로 인정되지 않는다.[7] 또한 녹색프리미엄 제도에서 기업은 재생에너지 발전원 중 태양광이나 풍력 등 특정 발전원을 선택하여 구매할 수 없다. 이로 인해 녹색프리미엄은 K-RE100 이행수단들 중 추가성이 가장 낮다는 지적을 받고 있으며,[8] 실제로 일부 해외 기업들은 녹색프리미엄 자제를 권고하고 있다고 알려져 있다.[9] 전력거래소(2022)의 설문조사에서도 K-RE100 참여 기업들로부터 가장 덜 선호되는 구매제도로 조사되었다. 반면, 상대적으로 재생에너지의 추가성이 높은 PPA 계약이나 K-RE100 제도의 REC 거래시장은 활성화되지 않고 있다.

이러한 문제가 발생하는 원인을 살펴보고 개선방안을 제시하기 위해서는, K-RE100 제도 자체의 문제뿐만 아니라 인접 제도들을 함께 살펴볼 필요가 있다. 국내에서는 2012년부터 신・재생에너지 공급의무화(이하 RPS) 제도가 시행되고 있다. RPS는 신・재생에너지의 보급 촉진을 위해 일정 규모 이상의 발전사업자들(의무공급자)이 총발전량의 일정 비율 이상을 신・재생에너지를 이용해서 공급하도록 의무화하는 제도이다. 의무공급자는 신・재생에너지 발전설비를 직접 설치하여 의무를 이행할 수 있지만, 다른 신・재생에너지 공급자들로부터 인증서(이하 REC)를 구매해서 의무를 이행할 수도 있다. 여기에서 의무공급자가 신・재생에너지 발전사업자에 지불하는 REC 가격은 신・재생에너지 공급에 대한 지원의

---

7 RPS의 의무공급자들이 구매하여 한전에 제출한 REC를 기반으로 K-RE100 제도의 녹색프리미엄 판매물량이 산정된다. 따라서 RPS 제도에서 의무공급자들의 구매와 녹색프리미엄의 구매가 이중계산될 여지가 있다. 또한 구매자가 녹색프리미엄 제도를 통해 재생에너지를 구매하여도, 새로운 재생에너지 발전설비가 설치되는 것은 아니다.

8 추가성은 K-RE100 제도가 재생에너지 발전규모의 실질적 확대에 기여하는 정도를 의미한다. 따라서 추가성이 높은 이행수단은 전반적인 국가 재생에너지 목표 달성에도 부합할 수 있는 방안이기도 하다.

9 『르몽드 디플로마티크』(2022. 8. 29).

[그림 1-2] 재생에너지 거래시장의 구조

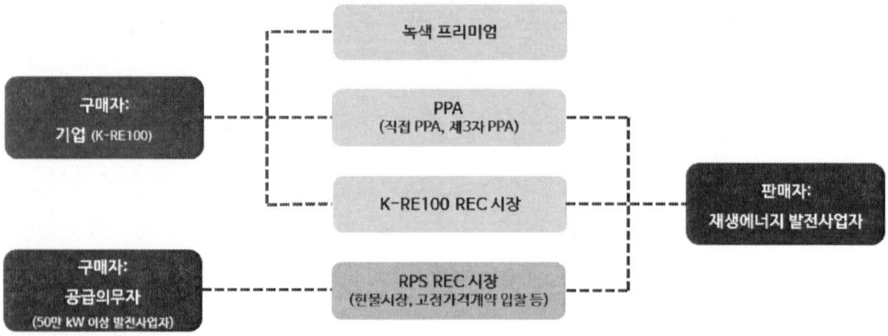

자료: 저자 작성.

역할을 한다. 따라서 신・재생에너지 지원정책을 위해 마련된 RPS 제도에 의해, 의무공급자들이 신・재생에너지 발전사업자들로부터 재생에너지 REC를 구매하는 거래시장이 형성되었다.

결과적으로 [그림 1-2]에서와 같이, 국내 재생에너지 거래시장에서 구매자와 판매자는 양방향에서 거래 시장 및 방식을 선택한 후, 해당 시장에서 재생에너지를 거래하게 된다. 거래시장은 크게 규제에 의해 형성된 재생에너지 거래시장인 RPS와, 자발적 수요에 의해 형성된 재생에너지 거래시장인 K-RE100 시장으로 나뉜다. RPS 시장에서는 의무공급자인 대형발전사들이 재생에너지를 구매하고, K-RE100 시장에서는 일반 기업들이 재생에너지를 구매한다. K-RE100 거래시장에서 구매자들은 녹색프리미엄과 PPA, K-RE100 REC 시장 등 각기 다른 거래시장과 구매제도를 선택할 수 있다.[10] 한편, 재생에너지 발전사업자들은 K-RE100과 RPS 거래시장 중 재생에너지를 판매할 거래시장을 선택한다. 또한 재생에너지 발전사업자들은 K-RE100 내에서도 PPA나 K-RE100 REC 거래시장 중 재생에너지를 판매할 시장을 선택한다. 따라서 기업의 재생에너지 구매를 위해 마련된 구매제도인 K-RE100 제도와 재생에너지 발전사업자를

10 RPS 내에서도 현물시장과 고정가격계약 입찰제도, 자체 계약 등 다양한 거래방식이 가능하다. 다만, 본 연구는 K-RE100 거래시장과 RPS 거래시장의 관계에 초점을 맞추기 위해, RPS 거래시장은 단순화하여 고려한다.

지원하기 위한 정책인 RPS가 재생에너지 거래시장을 형성한다.

기업들은 PPA와 K-RE100 REC를 통해 재생에너지를 구매할 경우 온실가스 감축실적을 인정받을 수 있다. 감축실적 인정에 따른 혜택의 크기는 국내 배출권거래제의 배출권 가격에 따라 달라지므로, K-RE100 제도는 배출권거래제와도 밀접하게 연결되어 있다. 또한 재생에너지 거래시장에서는 재생에너지 사용에 대한 인증서인 REC와 함께 재생에너지로 생산된 전기가 거래된다. 따라서 K-RE100 제도는 전력시장에서의 전기요금 결정방식과도 연결된다.

본 연구에서는 K-RE100 내 이행수단들 간의 관계를 살펴보고 K-RE100 제도와 인접 제도들의 연계성을 분석하기 위한 이론모형을 설계한다. 해당 모형에서는 구매자와 판매자가 양방향에서 재생에너지를 거래할 시장을 선택하고, 참여한 시장에서 재생에너지 거래를 위해 입찰이나 가격제시 등의 의사결정을 한다. 참여자들은 자신의 이익을 극대화하기 위해 거래시장을 선택하므로, 거래시장들을 비교하게 된다. 이 과정에서 각각의 거래시장들은 연계성을 가지게 된다.

모형에 대한 주요 분석 결과를 요약하면 다음과 같다. 첫째, RPS에서 운영 중인 가중치 제도는 비단 RPS 내에서뿐만 아니라, K-RE100 거래시장에도 영향을 미친다. 특히 RPS에서 가중치를 높게 받는 재생에너지 발전원은 K-RE100 거래시장에서 판매할 유인이 낮기 때문에, 기업이 PPA를 통해 다양한 재생에너지 발전원을 구성하는 데 한계를 가지게 된다. 또한 RPS에서 재생에너지 발전사업자에 대한 보상을 높일수록 PPA나 K-RE100 REC의 거래가격은 상승하고 거래량은 감소하는 결과가 발생한다. 둘째, K-RE100 이행수단 중 녹색프리미엄의 가격이 상대적으로 낮거나 PPA와 K-RE100 REC 구매 시의 감축실적 인정에 대한 혜택이 충분히 크지 않다면, PPA 거래와 K-RE100 REC 구매 유인이 높지 않게 된다. 또한 재생에너지 발전단가가 상당히 높은 경우에도 PPA와 K-RE100 REC 구매가 활성화되지 않을 수 있다. 셋째, 소매 전기요금이 전력도매가격보다 낮게 형성되는 경우에도 PPA 거래가 성사되기 어렵다.

본 보고서는 다음과 같이 구성된다. 제2장에서는 국내 재생에너지 거래시장인 K-RE100 제도와 RPS 제도의 현황을 살펴본다. 이어 제3장에서는 국내 재생에너지 거래시장을 분석하기 위한 이론모형을 설계하고, 모형의 균형을 분석한다. 마지막으로 제4장에서는 위의 내용을 정리하고 이를 기반으로 정책적 시사점을 도출한다.

제2장

국내 재생에너지 거래시장 개요 및 현황

본 장에서는 국내 재생에너지 거래시장의 현황을 살펴본다. 우선 기업의 자발적 수요에 의해 형성된 재생에너지 거래시장인 K-RE100 제도에서 마련되어 있는 이행수단들의 개별적인 현황을 파악한다. 그리고 규제에 의해 형성된 재생에너지 거래시장인 RPS 제도에 대해 살펴본다.

제1절 K-RE100 현황

1. 녹색프리미엄

녹색프리미엄 제도는 전기소비자가 기존의 전기요금과 함께, 별도의

[그림 2-1] 녹색프리미엄 개요

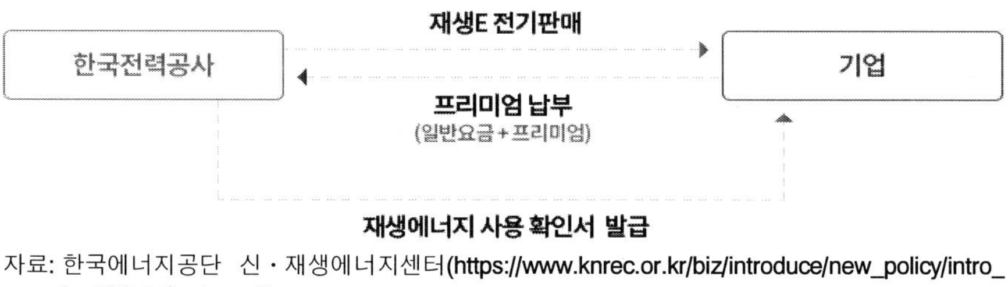

자료: 한국에너지공단 신・재생에너지센터(https://www.knrec.or.kr/biz/introduce/new_policy/intro_kre100.do?gubun=A).

프리미엄을 한전에 납부하여 재생에너지 전기를 구매하는 방식이다. 따라서 녹색프리미엄 구매 기업은 계약한 재생에너지 전력량에 대해 kWh당 전기요금과 녹색프리미엄 입찰가격을 더한 금액을 한전에 납부한다.

녹색프리미엄의 진행 절차는 다음과 같다.[11] 우선 에너지공단에서 재생에너지 사용 심의위원회에 보고하여 당해 연도의 녹색프리미엄 판매물량을 산정한다. 다음으로, 운영기관인 한전이 판매물량과 최저가 등 당해 연도의 녹색프리미엄 입찰에 대해 공고한다. 이에 따라 녹색프리미엄 계약 수량과 가격을 결정하기 위한 입찰 경매가 개최되고, 계약이 체결되면 계약 체결일로부터 당해 연도의 12월 31일까지 계약이 지속된다. 구매 기업은 매월 또는 분기별로 분할 납부하며, 납부한 전액은 에너지공단으로 이체되어 분기별 사용 확인서 발급물량 산정 후 한전으로 통보된다. 그리고 발급된 사용 확인서는 구매 기업에 전달된다.

녹색프리미엄 경매는 2021년 2월 8일부터 매년 2차례 시행되고 있다. 입찰하한은 10원/kWh으로 설정되어 있고, 낙찰자가 본인이 입찰한 가격을 부과하는 형태의 경매(Pay-as-Bid)[12]이다. 2023년 10월까지 총 6차례 경매가 시행되었고, 수요 대비 과도하게 설정된 판매물량으로 인해 평균

<표 2-1> 녹색프리미엄 이행실적

	1차 (2021년 상반기)	2차 (2021년 하반기)	3차 (2022년 상반기)	4차 (2022년 하반기)	5차 (2023년 상반기)	6차 (2023년 하반기)
판매물량(GWh)	17,827	12,319	13,561	13,561	41,472	34,730
낙찰물량(GWh)	1,252	203	4,670	1,014	7,076	6,722
낙찰률(%)	7	1.6	34.4	7.5	17.1	19.4
평균 입찰가격 (원/kWh)	14.6	12.9	10.948	10.725	10.522	11.535

주: 낙찰률 = 낙찰물량/판매물량 × 100 (%).
자료: 한국전력 에너지마켓플레이스를 기반으로 저자 작성.

11 한국전력 에너지마켓플레이스(https://en-ter.co.kr/ft/gp/prm/prminfo/info1.do).

12 모든 낙찰자가 동일한 청산가격을 지불하는 단일가격(Uniform-Price) 경매와 달리, 입찰가격 지불(Pay-as-Bid) 경매에서는 낙찰자가 각각 본인이 입찰한 가격을 지불한다.

입찰가격은 하한에 가깝게 형성되고 있다.

2. PPA

PPA는 전기소비자인 기업과 재생에너지 발전사업자 간에 전력거래계약을 체결해서, 재생에너지로 발전된 전기와 REC 인증서를 함께 거래하는 방식이다. 한전의 중개 여부에 따라 제3자 PPA와 직접 PPA로 나뉜다.

가. 제3자 PPA

제3자 PPA는 한전의 중개로 재생에너지 발전사업자와 전기소비자 간에 전력거래계약을 체결하는 방식이다. 설비용량이 1MW를 초과하는 재생에너지 발전사업자와 계약전력이 300kW를 초과하는 일반용 또는 산업용 전력(을) 기업들이 참여할 수 있고, 다수 전기사용자 간의 공동계약도 가능하다. 재생에너지 발전사업자와 전기사용자의 합의를 통해 거래물량과 계약단가가 결정되고, 발전량 전량이나 시간대별 사용량에 대한 계약도 가능하다. 재생에너지 발전사업자는 협상가격에서 거래수수료를 차감

[그림 2-2] 제3자 PPA 개요

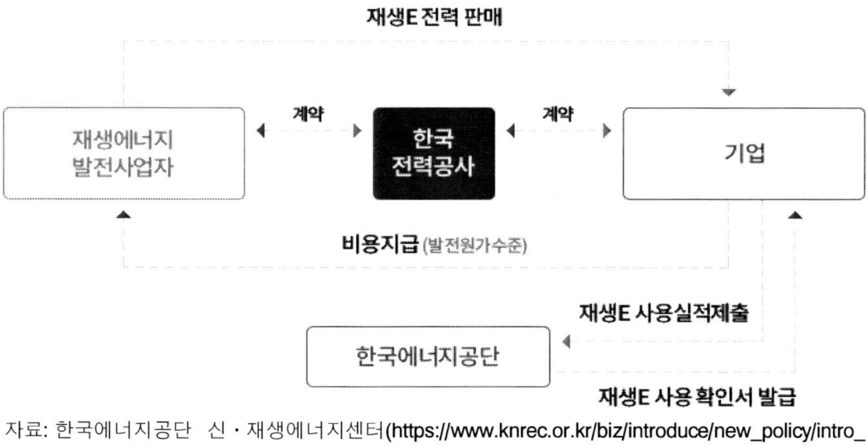

자료: 한국에너지공단 신・재생에너지센터(https://www.knrec.or.kr/biz/introduce/new_policy/intro_kre100.do?gubun=A).

하여 지급받고, 전기소비자인 기업은 협상가격과 망 이용요금, 전력손실 반영금, 부가정산금, 복지・특례비용, 거래수수료 등을 합산하여 납부한다.

나. 직접 PPA

직접 PPA에서는 전기소비자와 재생에너지 발전사업자가 제3자의 중개 없이, 직접 전력거래계약을 체결한다. 2021년 4월 「전기사업법」 개정을 통해, 태양광과 풍력 등 재생에너지에 한해서는 한전을 거치지 않고 거래할 수 있게 되었다. 따라서 거래 물량과 가격은 전기소비자와 재생에너지 발전사업자 간의 직접적인 협상을 통해서 결정된다. 다만, 재생에너지 발전사업자는 초과 발전량을 전력거래소에 판매할 수 있고, 한전은 전기소비자의 소비 전력이 부족할 경우 보완공급을 하는 역할을 수행한다.[13]

2022년 9월에 「재생에너지전기공급사업자의 직접전력거래 등에 관한 고시」가 제정되어, 대상 설비용량의 범위가 기존의 1MW에서 300kW로

[그림 2-3] 직접 PPA 개요

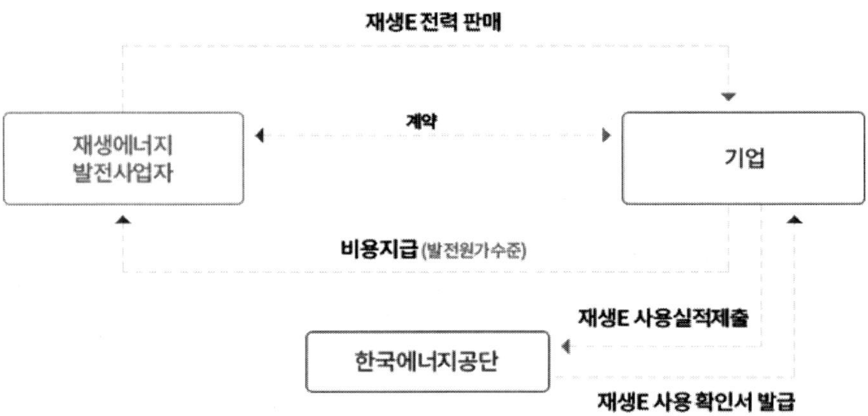

자료: 한국에너지공단 신・재생에너지센터(https://www.knrec.or.kr/biz/introduce/new_policy/intro_kre100.do?gubun=A)를 기반으로 저자 작성.

---

13 2023년 1월에 한전은 PPA 계약의 부족전력 보완공급에 대해 「재생에너지 전력 사용고객 전기요금(PPA 전용 요금제)」을 발표했으나, 2023년 10월 기준으로 해당 요금제의 도입은 유예된 상황이다.

확대되었고, PPA의 직접전력거래와 RPS의 전력시장거래로 분할계약이 가능해졌다. 또한 on-site 및 off-site 전용선로 PPA에 대해서는 부가비용이 청구되지 않는다.

3. K-RE100 인증서(REC) 구매

2021년 8월 2일부터 RPS 거래시장에서 판매・활용되지 않은 REC는 K-RE100 REC 거래 플랫폼을 통해 거래될 수 있다. REC 구매 기업은 전기 소비에 대해서는 한전에 kWh당 전기요금을 납부하고, 재생에너지 발전사업자로부터 K-RE100 REC를 별도로 구매한다. 한편, 재생에너지 발전사업자는 기존처럼 재생에너지 인증서를 RPS REC 시장에서 의무공급자에게 판매할 수 있고, 혹은 새로 형성된 K-RE100 REC 시장에서 재생에너지 소비 기업에 판매할 수도 있다. 다만, 재생에너지 발전원의 종류에 따라 가중치가 부과되는 RPS 제도와 달리, K-RE100 REC 시장에서는 재생에너지 발전량 1MWh에 대해 1REC가 발급된다. 또한 K-RE100 REC 시장의 거래대상에는 태양광과 풍력 등의 재생에너지 REC가 포함되지만, 신에너지와 폐기물 등 비재생에너지의 REC는 제외된다.

[그림 2-4] K-RE100 REC 거래시장 개요

자료: 한국에너지공단 신・재생에너지센터(https://www.knrec.or.kr/biz/introduce/new_policy/intro_kre100.do?gubun=A).

4. K-RE100 이행수단 요약

K-RE100 제도의 재생에너지 구매제도는 운영기관과 거래방식, 감축실적, 전력거래와의 번들 여부 등에 있어서 차이가 있다. 녹색프리미엄은 한전이 운영하는 경매입찰 방식으로, 다른 이행수단들과 달리 발전원을 선택할 수 없고 온실가스 감축실적이 인정되지 않는다. REC 거래시장은 에너지공단이 운영하는 플랫폼거래를 활용하여 다수의 기업과 재생에너지 발전사업자가 양방향에서 REC를 거래한다. PPA에서는 개별 기업과 재생에너지 발전사업자의 양자 간 협상방식으로 거래계약이 진행된다.

제1장의 <표 1-1>에서 살펴본 바와 같이, 국내 K-RE100 제도에서 기업의 재생에너지 구매는 거의 대부분 녹색프리미엄이라는 하나의 제도로 편중되고 있다. 녹색프리미엄이 이중계산 문제와 낮은 추가성 때문에 일부 해외 기업들로부터 이용 자제를 권고받고 있는 상황에서, 참여 기업들의 선호도 역시 높지 않게 나타나고 있다. 한편, 판매물량 대비 낙찰물량의 비율 역시 높지 않다는 점을 고려하면, 기업들의 재생에너지 구매에 대한 자발적 수요가 현재 K-RE100 제도에서 적절하게 반영되지 않고 있는 상황이다.

<표 2-2> K-RE100 이행수단별 특징

	녹색프리미엄	REC 거래시장	PPA	
			제3자 PPA	직접 PPA
운영기관	한전	에너지공단	한전 중개	-
거래방식	경매입찰	플랫폼 거래 /장외 거래	중개 협상	직접 협상
재생에너지 전기 구매대상	한전	한전	재생에너지 발전사업자	
온실가스 감축실적	불인정	인정	인정	인정
발전원 선택	불가능	가능	가능	가능

자료: 저자 작성.

제2절 RPS 현황

RPS는 신·재생에너지 보급을 확대하고 관련 산업을 육성하기 위해 2012년에 도입된 제도이다. 500MW 규모 이상의 발전설비를 보유한 발전사업자는 총발전량 중 일정 비율 이상을 신·재생에너지 발전으로 공급할 의무를 가진다.

의무공급자들은 크게 그룹 1과 그룹 2로 나뉘고, 그룹 1 내에서는 한국수력원자력과 다른 공기업 발전사업자들이 구분된다. 의무공급량은 그룹별로 다르게 적용된다.

2012년 RPS 도입 당시 총 전력생산량의 10% 이내로 설정되었던 의무공급자의 신·재생에너지 총 의무공급량 비율 상한은, 신·재생에너지 공급 상황과 신·재생에너지법 개정을 고려하여 총 다섯 차례 개정되었다. 2023년에는 제10차 전력수급기본계획의 신·재생에너지 보급 목표 설정 계획에 맞추어 의무공급량 비율이 2023년 13%에서 2030년 25%까지 매년 단계적으로 조정되었고, 25% 목표 달성 시기가 2026년에서 2030년으로 늦춰졌다. 이에 따라 RPS 내 의무공급량 비율은 하향 조정되었다.

국내 RPS 제도는 발전원과 설치 유형에 따라 각기 다른 가중치를 적용한다. 즉, 동일한 1MWh의 전력을 생산한 경우에도, 발전원의 종류와 설치 유형에 따라 발급되는 인증서의 수량이 달라진다. 예를 들어 자가용 태양광으로 1MWh를 생산한다면 1REC가 지급되지만, 육상풍력으로 1MWh를 생산한다면 1.2REC가 지급된다. 또한 일반적인 연료전지 발전의

<표 2-3> RPS 의무공급자 명단

그룹 1		그룹 2
한국수력원자력	남동발전, 중부발전, 서부발전, 남부발전, 동서발전	한국지역난방공사, 한국수자원공사, SK E&S, GS EPS, GS 파워, 포스코 인터내셔널, 씨지앤율촌전력, 평택에너지서비스, 대륜발전, 에스파워, 포천파워, 동두천드림파워, 파주에너지서비스, GS동해전력, 포천민자발전, 신평택발전, 나래에너지서비스, 고성그린파워, 강릉에코파워

자료:「신·재생에너지 공급의무화제도 및 연료 혼합의무화제도 관리·운영지침」.

<표 2-4> **RPS** 제도의 의무공급량 비율 변화

(단위: %)

<table>
<tr><th>해당 연도</th><th>2012년
도입</th><th>2015년
개정</th><th>2016년
개정</th><th>2020년
개정</th><th>2022년
개정</th><th>2023년
개정</th></tr>
<tr><td>2012</td><td>2.0</td><td>-</td><td>-</td><td>-</td><td>-</td><td>-</td></tr>
<tr><td>2013</td><td>2.5</td><td>-</td><td>-</td><td>-</td><td>-</td><td>-</td></tr>
<tr><td>2014</td><td>3.0</td><td>-</td><td>-</td><td>-</td><td>-</td><td>-</td></tr>
<tr><td>2015</td><td>3.5</td><td>3.0(▼0.5)</td><td>-</td><td>-</td><td>-</td><td>-</td></tr>
<tr><td>2016</td><td>4.0</td><td>3.5(▼0.5)</td><td>3.5</td><td>-</td><td>-</td><td>-</td></tr>
<tr><td>2017</td><td>5.0</td><td>4.0(▼1.0)</td><td>4.0</td><td>-</td><td>-</td><td>-</td></tr>
<tr><td>2018</td><td>6.0</td><td>4.5(▼1.5)</td><td>5.0(▲0.5)</td><td>-</td><td>-</td><td>-</td></tr>
<tr><td>2019</td><td>7.0</td><td>5.0(▼2.0)</td><td>6.0(▲1.0)</td><td>-</td><td>-</td><td>-</td></tr>
<tr><td>2020</td><td>8.0</td><td>6.0(▼2.0)</td><td>7.0</td><td>7.0</td><td>-</td><td>-</td></tr>
<tr><td>2021</td><td>9.0</td><td>7.0(▼2.0)</td><td>8.0</td><td>9.0(▲1.0)</td><td>-</td><td>-</td></tr>
<tr><td>2022</td><td rowspan="9">10.0
(2022년
이후)</td><td>8.0(▼2.0)</td><td>9.0</td><td>10.0(▲1.0)</td><td>12.5(▲2.5)</td><td>-</td></tr>
<tr><td>2023</td><td>9.0(▼1.0)</td><td rowspan="8">10.0
(2023년
이후)</td><td rowspan="8">10.0
(2023년
이후)</td><td>14.5(▲4.5)</td><td>13.0(▼1.5)</td></tr>
<tr><td>2024</td><td rowspan="7">10.0
(2024년
이후)</td><td>17.0(▲7.0)</td><td>13.5(▼3.5)</td></tr>
<tr><td>2025</td><td>20.5(▲10.5)</td><td>14.0(▼6.5)</td></tr>
<tr><td>2026</td><td rowspan="5">25.0
(▲15.0)
(2026년
이후)</td><td>15.0(▼10.0)</td></tr>
<tr><td>2027</td><td>17.0(▼8.0)</td></tr>
<tr><td>2028</td><td>19.0(▼6.0)</td></tr>
<tr><td>2029</td><td>22.5(▼2.5)</td></tr>
<tr><td>2030년 이후</td><td>25.0</td></tr>
</table>

자료: 「신에너지 및 재생에너지 개발·이용·보급 촉진법 시행령」을 기반으로 저자 작성.

경우 1MWh당 1.9REC를 지급받고, 부생수소를 활용하여 연료전지로 1MWh를 생산하는 경우에는 0.1REC가 추가되어 2REC를 지급받는다. 이러한 공급인증서 가중치는 균형 있는 이용·보급과 기술개발 촉진을 위해 경제성과 정책성을 고려하여 3년마다 개정되어 왔다.

RPS의 가중치 제도는 점차 복잡해지고 상향되는 방식으로 개정되어 왔다. RPS는 1MWh에 대해 1REC를 발급하는 것을 전제로 도입되었지만, [그림 2-5]에서 볼 수 있듯이 실제 신·재생에너지 발전량 대비 REC 발급량은 지속적으로 높아졌다. 2022년 기준 태양광 1MWh는 평균적으로 1.38REC를 발급받고, 풍력 1MWh는 평균적으로 1.28REC를 발급받고 있다. 여기에 이격거리를 철폐한 경우나 주민참여형 사업에는 추가

<표 2-5> RPS 제도의 가중치 변화

<table>
<tr><th>전원</th><th>대상에너지/
설치유형</th><th>세부기준</th><th>2012년
도입 시</th><th>2014년 개정</th><th>2018년 개정</th><th>2021년 개정</th></tr>
<tr><td rowspan="12">태양광</td><td rowspan="3">일반부지</td><td>소규모
(100kW 미만)</td><td rowspan="3">1.2
(기타 23개 지목,
30kW 이하),
1.0
(기타 23개 지목,
30kW 초과)
0.7
(전, 답, 과수원,
목장용지, 임야),</td><td>1.2</td><td>1.2</td><td>1.2</td></tr>
<tr><td>중규모
(100kW~3MW)</td><td>(복합)
1.0</td><td>(복합)
1.0</td><td>(복합)
1.0</td></tr>
<tr><td>대규모
(3MW 초과)</td><td>(복합)
0.7</td><td>(복합)
0.7</td><td>(복합)
0.8 (▲)</td></tr>
<tr><td rowspan="2">건축물 등
기존시설물
활용</td><td>소규모~
중규모
(3MW 이하)</td><td rowspan="2">1.5</td><td>1.5</td><td>1.5</td><td>1.5</td></tr>
<tr><td>대규모
(3MW 초과)</td><td>(복합)
1.0 (▼)</td><td>(복합)
1.0</td><td>(복합)
1.0</td></tr>
<tr><td rowspan="3">수상 태양광</td><td>소규모
(100kW 미만)</td><td rowspan="3">-</td><td rowspan="3">1.5
('13년 신설)</td><td rowspan="3">1.5</td><td>1.6 (▲)</td></tr>
<tr><td>중규모
(100kW~3MW)</td><td>(복합)
1.4 (▼)</td></tr>
<tr><td>대규모
(3MW 초과)</td><td>(복합)
1.2 (▼)</td></tr>
<tr><td colspan="2">임야 태양광</td><td>0.7
(전, 답, 과수원,
목장용지, 임야)</td><td>최대 1.2 (▲)
(일반부지로
분류)</td><td>0.7 (▼)
('18년 별도
분류)</td><td>0.5 (▼)</td></tr>
<tr><td colspan="2">자가용 태양광</td><td>-</td><td>-</td><td>1.0
('16년 신설)</td><td>1.0</td></tr>
<tr><td rowspan="2">ESS(태양광
설비 연계)</td><td>발전피크 시간대
(10~16시)</td><td rowspan="2">0.7~1.5
(ESS 별도
가중치 없이,
태양광에너지
기준에 따름)</td><td rowspan="2">0.7~1.5
(ESS 별도
가중치 없이,
태양광에너지
기준에 따름)</td><td>0 (▼)
('18년부터
가중치 0)</td><td rowspan="2">-
('21년부터
ESS 별도
가중치 폐지)</td></tr>
<tr><td>그 외 시간대</td><td>5.0 ('18년)
('16년 신설)
5.0 ('19년)
('18년 신설)
4.0(▼)('20년)
('18년 신설)</td></tr>
<tr><td rowspan="2">풍력</td><td colspan="2">육상풍력</td><td>1.0</td><td>1.0</td><td>1.0</td><td>1.2 (▲)</td></tr>
<tr><td>연안해상
풍력
(해상풍력 중
간석지 또는
방조제 내측)</td><td>기본가중치</td><td>1.0
(육상풍력으로
분류)</td><td>1.0
(육상풍력으로
분류)</td><td>1.0
(육상풍력으로
분류)</td><td>2.0 (▲)
('21년 신설)</td></tr>
</table>

<표 2-5>의 계속

<table>
<tr><th>전원</th><th>대상에너지/설치유형</th><th>세부기준</th><th>2012년 도입 시</th><th>2014년 개정</th><th>2018년 개정</th><th>2021년 개정</th></tr>
<tr><td rowspan="5">풍력</td><td rowspan="3">해상풍력 (공유수면법상 바다 또는 바닷가 중 수심이 존재)</td><td>기본가중치</td><td rowspan="2">1.5 (연계거리 5km 이하),
2.0 (연계거리 5km 초과)</td><td rowspan="2">1.5 (연계거리 5km 이하),
2.0 (연계거리 5km 초과 & 고정형),
1.0~2.5 (연계거리 5km 초과 & 변동형)</td><td>2.0 (▲) (연계거리 5km 이하)</td><td>2.5 (▲) (연계거리 5km/수심 20m 이하)</td></tr>
<tr><td>연계거리 복합가중치 (5km 초과 시, 추가 5km 증가할 때마다)</td><td>(복합)
2.5 (▲) (연계거리 5~10km),
3.0 (▲) (연계거리 10~15km),
3.5 (▲) (연계거리 15km 초과)</td><td>(복합)
2.9 (▲) (연계거리 5~10km),
3.3 (▲) (연계거리 10~15km),
3.7 (▲) (연계거리 15km 초과)</td></tr>
<tr><td>수심 복합가중치 (20m 초과 시, 추가 5m 초과할 때마다)</td><td>-</td><td>-</td><td>-</td><td>(복합)
2.9 (▲) (수심 20~25m),
3.3 (▲) (수심 25~30m),
3.7 (▲) (수심 30m 초과)
('21년 신설)</td></tr>
<tr><td rowspan="2">ESS(풍력 설비 연계)</td><td>평상시</td><td rowspan="2">1.0 (육상풍력 고정 가중치 적용)</td><td>1.0</td><td>1.0</td><td rowspan="2">-
('21년부터 ESS 별도 가중치 폐지)</td></tr>
<tr><td>계절별 피크시간 (하루 3~4시간)</td><td>5.5(▲)('15년)
5.0(▲)('16년)
4.5(▲)('17년)
('14년 신설)</td><td>4.5 ('18년)
4.5 ('19년)
4.0(▼)('20년)
('18년 신설)</td></tr>
<tr><td rowspan="3">연료전지</td><td rowspan="3">연료전지</td><td>기본가중치</td><td>2.0</td><td>2.0</td><td>2.0</td><td>1.9 (▼)</td></tr>
<tr><td>부생수소 사용 시</td><td rowspan="2">-</td><td rowspan="2">-</td><td rowspan="2">-</td><td>(기본가중치에 추가) +0.1</td></tr>
<tr><td>에너지 효율 65% 이상 시</td><td>(기본가중치에 추가) +0.2 (▲)</td></tr>
<tr><td rowspan="4">바이오</td><td rowspan="2">Bio-SRF (폐목재)</td><td>전소</td><td rowspan="4">1.5 (목질계 바이오매스 전소발전)
1.0 (혼소-기타 바이오에너지)</td><td rowspan="4">1.5 (목질계 바이오매스 전소발전)
1.0 (혼소-기타 바이오에너지)</td><td>0.25 (▼)</td><td>0.25</td></tr>
<tr><td>석탄혼소</td><td>0 (▼) ('18년부터 가중치 0)</td><td>-</td></tr>
<tr><td rowspan="2">목재펠릿/목재칩</td><td>전소</td><td>0.5 (▼)</td><td>0.5</td></tr>
<tr><td>석탄혼소</td><td>0 (▼) ('18년부터 가중치 0)</td><td>-</td></tr>
</table>

<표 2-5>의 계속

전원	대상에너지/설치유형	세부기준	2012년 도입 시	2014년 개정	2018년 개정	2021년 개정
바이오	미이용 산림 바이오매스	전소	-	-	2.0 ('18년 신설)	2.0
		석탄혼소			1.5 ('18년 신설)	1.5
	매립지가스		0.5	0.5	0.5	0.5
	기타 바이오에너지		1.0	1.0	1.0	1.0
	흑액		-	-	-	0.25 ('20년 신설)
수력	수력		1.0	1.0	1.0	1.5 (▲)
폐기물	부생가스		0.25	0.25	0.25	0.25 (비재생폐기물로부터 생산된 것 제외하고 폐기물에너지 전체 적용)
	RDF 전소발전		1.0	1.0	0.25 (▼) (폐기물에너지 전체 적용)	
	폐기물가스화발전		1.0	1.0		
	일반 폐기물		0.5	0.5		
해양	조력 (방조제無)	고정형	2.0	2.0	1.0~2.5	1.75 (▼)
		변동형		1.0~2.5	1.0~2.5	10.~2.5
	조력(방조제 有)		1.0	1.0	1.0	1.0
	조류		-	2.0 ('14년 신설)	2.0	2.0
지열	지열	고정형	-	2.0 ('14년 신설)	1.0~2.5	2.0
		변동형		1.0~2.5 ('14년 신설)	1.0~2.5	1.0~2.5
수열	수열		-	-	1.5 ('16년 신설)	0 (▼) ('21년부터 가중치 0)
석탄 IGCC	석탄 IGCC		0.25	0.25	0.25	0 (▼) ('21년부터 가중치 0)
자가용 기타 신·재생에너지 (태양광 외)			-	-	1.0	최대 1.0 (대상에너지 기준을 따름)
발전차액지원제도 전환설비			-	-	-	(차감) -0.2 (▼) (대상에너지 신규설비 가중치에서 차감)

자료: 「신·재생에너지 공급의무화제도 및 연료 혼합의무화제도 관리·운영지침」을 기반으로 저자 작성.

[그림 2-5] 태양광과 풍력에 대한 RPS 인증서 발급량과 발전량의 변화

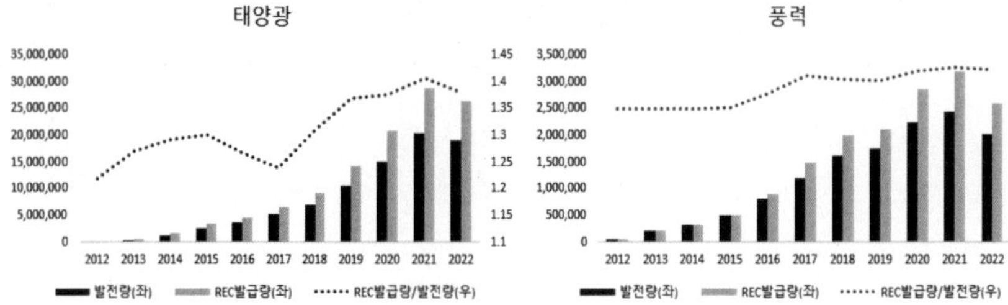

주: 발전량의 단위는 MWh임.
자료: 유종민 · 이재석(2022)을 기반으로 저자 작성.

가중치가 부여된다.

이렇게 높아진 가중치와 공급인증서 남용은 실제 신 · 재생에너지 발전량과 REC 발급량을 괴리시키고, RPS 제도에서 정책적 왜곡을 발생시킨다는 비판을 받는다(이수일 외, 2015; 유종민 · 이재석, 2022). 또한 RPS의 가중치로 인해, 재생에너지 발전원별 가격의 차이가 재생에너지 거래시장이 아닌 정책적 판단에 의해 결정되고 있다.

제3장

모형 분석

제1절 관련 연구

본 연구에서는 구매자와 판매자가 재생에너지를 거래하기 위한 시장을 선택하는 상황에 대한 모형을 설계하여 분석한다. 이러한 분석은 동일한 재화를 거래하기 위해 우선적으로 거래 시장이나 방식을 선택하는 상황에서의 분석이므로, 본 연구는 메커니즘 경쟁(Competing Mechanisms 혹은 Competing Auctions) 연구들과 연결되어 있다(McAfee, 1993; Peters and Severinov, 1997; Virag, 2007; Pavan and Calzolari, 2010; Pai, 2010; Peck, 2018). 독점적인 경매주관자의 경매 설계와 여러 구매자들의 전략적 입찰 행위를 연구하는 일반적인 경매 모형과 달리, 메커니즘 경쟁 모형에서는 여러 명의 경매주관자를 상정한다. 경매주관자들은 각각 자신의 이익을 극대화하기 위한 경매제도를 설계한다. 구매자들은 동질적인 재화를 구매할 경매 방식 혹은 주관자를 우선적으로 선택하고, 선택한 경매에서 전략적으로 입찰 행위를 한다.[14] 이와 유사하게, 본 연구에서는 재생에너지 구매자가 K-RE100 제도 내 녹색프리미엄, PPA, K-RE100

---

14 일반적인 경매 모형에 구매자들이 경매방식을 선택하는 단계가 추가된다. 대표적으로 소비자가 동일한 재화에 대해 Amazon과 같이 고정가격을 제시받는 거래방식과 eBay와 같이 입찰경매를 통해 거래하는 방식 중 하나를 선택하는 문제를 생각해 볼 수 있다.

REC 거래시장 등 각기 다른 형태의 거래방식을 선택하고, 해당 거래방식에서 협상이나 경매입찰을 한다. 또한 재생에너지 판매자는 K-RE100 제도 내 PPA나 REC 시장 혹은 RPS 인증서 시장 중 판매시장을 선택하고, 해당 시장에서 협상이나 가격 제안을 한다.[15] 본 모형에서 재생에너지 거래시장별로 구매자와 판매자의 효용이 달라진다는 점을 고려하면, 본 연구는 완전히 동질적 재화가 아닌 비동질적 재화에 대한 메커니즘 경쟁 문제를 다룬 연구들(Parlane, 2008; Landi *et al*., 2023)과 연결된다.

메커니즘 경쟁 모형이 주로 구매자들의 전략적 행위를 연구하는 것과 달리, 본 연구는 구매자와 판매자가 양방향에서 거래시장을 선택한다는 점에서 이중경매(Double Auction) 연구들과 연결된다. 특히 본 연구에서는 K-RE100 제도의 REC 거래시장을 직접적으로 이중경매 형태로 고려한다(Myerson and Satterthwaite, 1983; McAfee, 1992; Williams, 1999; Loertscher *et al*., 2015). 따라서 본 연구는 기존의 메커니즘 경쟁 모형을 구매자와 판매자가 양방향에서 비동질적 재화에 대한 거래방식을 선택하는 모형으로 확장하는 데에 기여한다.

제2절 모 형

1. 재생에너지 거래시장[16]

본 연구에서 고려하는 구매자와 판매자가 선택할 수 있는 재생에너지 거래시장은 총 4가지이다. 우선 구매자와 판매자가 일대일 양자 간 협상(Bilateral Matching and Bargaining)을 통해 재생에너지를 거래하는 PPA 거래시장은 μ_1으로 표시된다. 다수의 구매자와 판매자가 플랫폼을 통해

---

15 다만, 본 연구에서는 개별 경매주관자가 더 많은 구매자들을 유인하기 위해 경쟁적으로 경매 형태를 설계하는 단계가 생략된다.

16 본 연구에서는 우선적으로 K-RE100 제도의 이행수단에서 거래가격에 전기요금과 인증서 가격이 포함된 묶음(bundled) 형태를 고려한다. 본 장의 제4절에서는 PPA를 제외한 거래시장에서 전기와 재생에너지 인증서를 분리하여 거래하는 경우로 모형을 확장한다.

[그림 3-1] 재생에너지 거래시장의 구조

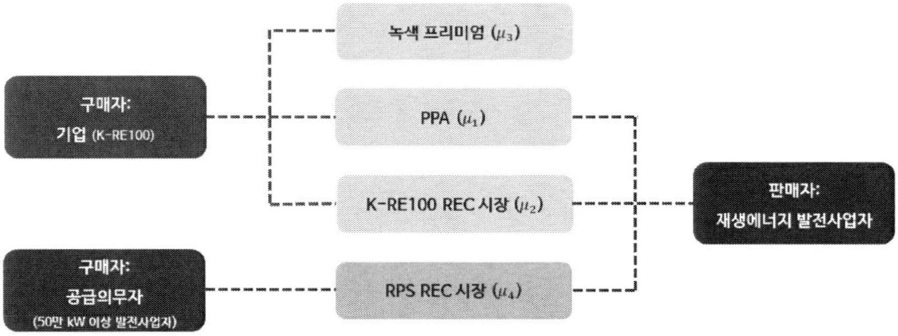

자료: 저자 작성.

K-RE100 인증서(REC)를 거래하는 이중경매(Double Auction)는 μ_2이다. 재생에너지 구매자가 전기요금에 추가적인 프리미엄을 지불하여 재생에너지를 구매하는 녹색프리미엄은 μ_3로 표시하며, 논의의 편의를 위해 고정가격 형태를 고려한다. 마지막으로 K-RE100 거래시장 외에 판매자가 재생에너지를 판매할 수 있는 거래시장인 RPS REC 시장은 μ_4로 표시된다. μ_4에서 판매자는 개별 가중치를 고려한 이질적 고정가격으로 재생에너지를 판매한다.

구매자는 $\{\mu_1, \mu_2, \mu_3\}$ 중 하나의 거래시장에서 재생에너지를 구매할 수 있고, 판매자는 $\{\mu_1, \mu_2, \mu_4\}$ 중 하나의 거래시장에서 재생에너지를 판매할 수 있다. 또한 구매자와 판매자 모두 각각 하나의 단위에 대한 재생에너지를 거래하는 것으로 가정한다.

2. 거래시장 참여자

재생에너지 거래시장의 참여자는 크게 구매자와 판매자로 구분된다. 구매자 i는 K-RE100 거래시장에서 재생에너지를 구매하는 일반적인 기업으로, 총 I명의 구매자가 존재한다($i = 1, \cdots, I$). 재생에너지를 구매함으로써 구매자에게 두 가지 종류의 효용이 발생한다고 가정한다. v_i는 재생에너지 구매에 대한 자발적인 선호로,[17] F의 누적 분포함수를 따른다

$(v \sim F, v \in [0, \bar{v}])$. e_i는 구매자 i가 받는 감축실적 인정에 따른 혜택으로,[18] G의 누적 분포함수를 따르며 기댓값은 $\hat{e}$로 표시한다 $(e_i \sim G,\ e_i \in [0, \bar{e}],\ Ee = \hat{e})$. 감축실적을 인정받지 않더라도 재생에너지에 대한 수요가 발생할 수 있으므로, v_i와 e_i가 구분된다. 이들은 각각 독립적으로 생성된다고 가정한다.

녹색프리미엄 거래시장인 μ_3에서는 감축실적이 인정되지 않으므로, 구매자의 재생에너지 구매에 따른 총효용은 각 시장별로 차이가 있다. 즉, 구매자 입장에서 K-RE100 내 각 거래시장에서 거래되는 재생에너지는 완전히 동질적이지는 않다. PPA나 K-RE100 REC 시장에서 재생에너지를 구매할 경우 $v_i + e_i - P_m$ for $m = 1, 2$의 이익이 발생하고, 녹색프리미엄에서 재생에너지를 구매할 경우 $v_i - P_3$의 이익이 발생한다. 재생에너지를 구매하지 않을 경우 구매자의 이익은 0이 된다.

판매자 j는 재생에너지를 생산하여 판매하는 재생에너지 발전사업자로, 총 J명의 판매자가 존재한다$(j = 1, \cdots, J)$. 판매자의 총인원수는 구매자보다 많다고 가정한다$(J > I)$.[19] 판매자가 재생에너지를 설치하기 위해 발생하는 설비 투자비용은 공통적으로 $c > 0$으로 주어진다.[20]

---

17 공급망과 투자자로부터 재생에너지 비중 확대를 요구받는 상황에서, 기업이 재생에너지를 구매하면 소비자의 호감 및 투자자 유치 가능성이 증가하여 기업의 경쟁력이 개선될 수 있다. 이러한 여건은 기업마다 다를 수 있으므로 확률변수로 표시한다.

18 e_i는 구매자 입장에서 녹색프리미엄 대비 PPA와 K-RE100 REC에서 추가적으로 발생하는 효용으로, 광범위하게 재생에너지의 추가성에 대한 선호를 포함하는 변수로 해석할 수 있다. 녹색프리미엄은 다른 이행수단들과 달리 배출권거래제에서 감축실적으로 인정되지 않기 때문에, e_i는 구매자 입장에서의 감축실적 인정에 따른 혜택으로 볼 수 있다. 이는 배출권거래제에서 발생하고 있는 부담을 경감시켜 주는 혜택으로, 배출권 가격에 연동되지만 기업마다 혜택의 정도는 달라질 수 있다. 따라서 본 연구에서는 e_i를 구매자의 이질성이 반영되는 확률변수로 표시하고 있다.

19 2022년 12월 말 기준으로, 전력거래소에 등록된 신・재생에너지 발전사의 수는 총 5,304개이다(https://new.kpx.or.kr/menu.es?mid=a10304000000). 또한 2021년 REC 시장의 회원수는 이미 91,102명을 기록하며 대폭 확대되고 있다. 반면, K-RE100 가입을 선언한 기업은 2023년 10월 기준 157개사로, K-RE100 거래시장의 잠재적인 판매자가 구매자보다 상당히 많은 상황이다(전력거래소 보도자료, 2022. 5. 18). 그리고 녹색프리미엄의 낙찰률이 아직 높지 않고 K-RE100 REC 거래량이 RPS 거래량에 비해 현저히 낮다는 점을 감안하여, 본 연구의 모형에서는 판매자가 구매자보다 많다고 가정한다.

20 재생에너지 균등화 발전단가(LCOE)로 해석할 수 있다.

한편, 개별 판매자는 RPS에서 받는 가중치인 λ_j에 따라 차별화된다.[21] RPS의 가중치 λ_j는 누적 분포함수 H를 따르며, λ_j에 대한 기댓값은 $\hat{\lambda}$로 표시한다($\lambda_j \sim H$, $\lambda_j \in [\underline{\lambda}, \overline{\lambda}]$, $E\lambda_j = \hat{\lambda}$). 따라서 판매자는 PPA나 K-RE100 REC 시장에서 판매할 경우 공통적으로 $P_m - c$ for $m = 1,2$의 이익이 발생하지만, RPS 시장에서 판매할 경우 $\lambda_j P_4 - c$로 각기 다른 이익이 발생한다.[22] 즉, 판매자 입장에서 K-RE100과 RPS에서 거래되는 재생에너지는 완전히 동질적이지 않다.[23] 한편, 재생에너지를 공급하지 않을 경우 판매자의 이익은 0이 된다.

추가적으로 모든 구매자와 판매자가 재생에너지 거래시장에서 배제되는 상황을 방지하기 위해, 각 변수들에 대해 다음과 같이 가정한다. 즉, 다음의 가정하에서는, 최소한 1명 이상의 구매자와 판매자가 거래시장에 참여하게 된다.

---

21 모든 판매자의 재생에너지 설비 투자비용이 동일하므로, λ_j를 통해서 개별 판매자의 이질성이 반영된다. 판매자가 가중치를 선택해서 재생에너지를 공급하는 형태가 아닌, 주어진 λ_j하에서 재생에너지 공급 여부를 결정함으로써 사후적으로 λ_j의 분포가 결정된다고 볼 수 있다. 또한 현재 모형에서 재생에너지 발전설비 투자비용인 c는 모든 판매자에 대해 동일하므로, 판매자의 이질성은 RPS 제도에서 받는 가중치에 모두 반영한다. RPS 가중치와 재생에너지 발전설비 투자비용 모두에 이질성을 부여할 수 있지만, 본 보고서에서는 단순화하여 RPS 가중치에서만 이질성을 반영한다고 가정한다. 따라서 λ_j는 RPS 가중치와 재생에너지 발전설비 투자비용의 상대적 이질성을 반영하는 변수로 해석할 수 있다.

22 본 연구에서는 녹색프리미엄과 RPS REC 가격을 외생적으로 주어지는 고정가격으로 가정하고 있다. 모형적인 측면에서는 구매자와 판매자가 K-RE100 시장에 참여하고 재생에너지 공급을 결정한 상황에서 녹색프리미엄과 RPS 시장은 다른 이행수단들에 대한 외부 선택지(outside option)의 역할을 하게 된다. 구매자 입장에서는 PPA와 K-RE100 REC에서 재생에너지를 구매하지 않은 경우 녹색프리미엄에서 구매하고, 판매자 입장에서는 PPA와 K-RE100 REC에서 재생에너지를 판매하지 않은 경우 RPS 시장에서 판매한다. 녹색프리미엄 가격과 RPS REC 가격을 내생화하는 방안을 향후 고려할 수 있지만, 현재 모형에서와 같이 의사결정에 순서가 있는 경우 마지막 의사결정 단계를 내생화하는 것으로 볼 수 있고, 본 모형의 결과는 본질적으로 달라지지 않게 된다.

23 한편, PPA와 K-RE100 REC는 현재 구매자와 판매자 입장에서 동질적인 것으로 가정된다. 다만, 제4절에서 전기요금과 인증서가 구분되면, PPA와 RE100 REC 거래시장에서 거래되는 재생에너지 역시 비동질적으로 취급된다.

가정. (1) $\bar{\lambda} P_4 > c$

(2) $\underline{\lambda} P_4 \geq \bar{e} + P_3$

(3) $\bar{v} > P_3$

3. 의사결정 순서

의사결정 순서는 다음과 같다. 우선, P_3와 P_4가 외생적으로 주어지고,[24] v_i와 e_i, λ_j는 각각의 누적 분포함수에 따라 결정된다. v_i와 e_i는 구매자 i의 개인 정보(private information)이고, λ_j는 판매자 j의 개인 정보이다. 각각의 개인 정보를 기반으로, 구매자는 K-RE100 참여 여부를 결정하고, 판매자는 재생에너지 생산 여부를 결정한다.

참여를 결정한 구매자와 판매자는 다음의 순서대로 재생에너지를 거래할 시장을 선택한다.[25] 참여 구매자와 판매자는 각각 무작위로 매칭되어 PPA를 위한 양자 간 협상(μ_1)을 진행한다. 그리고 PPA에서 거래가 성사되지 않은 구매자와 판매자는 K-RE100 REC 시장(μ_2)에 참여하여 거래가격을 입찰・제시한다. K-RE100 REC에서도 거래하지 않은 경우, 구매자는 녹색프리미엄(μ_3)에서 재생에너지를 구매하고 판매자는 RPS REC 시장(μ_4)에서 판매한다.[26]

---

24 녹색프리미엄의 가격인 P_3와 RPS REC 가격인 P_4는 각각 정부의 제도적 설계와 재생에너지 목표에 의해 영향을 받는다.

25 거래시장의 선택 순서는 전력거래소(2022) 설문조사를 기반으로 한다. 해당 설문조사에 따르면 재생에너지 발전사와 수요기업은 K-RE100 이행수단에 대해 직접 PPA(27.4%), 인증서 구매(22.0%), 자가발전(17.1%), 녹색프리미엄(16.5%) 순으로 선호한다.

26 모형 측면에서 고려했을 때, 녹색프리미엄과 RPS REC 판매는 구매자와 판매자 입장에서 외부 선택지의 역할을 하기 때문에 의사결정 순서에서 가장 마지막으로 설정되었다. 본 모형에서는 우선적으로 전기와 인증서가 묶여서 거래되는 형태를 고려하고 있으므로, 구매자와 판매자는 PPA와 K-RE100 REC에서의 구매와 판매로부터 동질적인 이익을 얻게 된다. 이 경우 다수의 구매자와 판매자가 양방향에서 거래하는 K-RE100 REC가 1대 1로 매칭되어 거래하는 PPA보다 선행하거나 병행할 경우, K-RE100 REC에서 가능한 거래가 모두 이루어지므로 PPA 거래는 이루어지지 않게 된다. 따라서 PPA, K-RE100 REC, 녹색프리미엄/RPS REC로 거래방식에 대한 의사결정 순서가 설정되었다. 마지막 단계에서 구매자의 경우 녹색프리미엄 구매 여부, 판매자의 경우 RPS 시장에서의 REC 판매 여부를 고려하는 단계를 추가할 수 있다. 하지만 이들은 이미 각각 녹색프리미엄

4. 재생에너지 거래시장 메커니즘

가. PPA

PPA(μ_1)에서는 구매자와 판매자가 무작위로 매칭되어 양자 간 협상을 진행한다. 협상방식은 단순한 최후통첩게임의 형태를 고려한다. 구매자 i가 판매자 j에게 거래가격 $P_1^{i,j}$를 제시하면 판매자의 수락 여부에 따라 거래가 성사되거나 실패한다. 판매자가 제안을 수락하면 거래가 성사되어, 판매자는 $P_1^{i,j}-c$의 이익을 얻고 구매자는 $v_i+e_i-P_1^{i,j}$의 이익을 얻는다.[27] 판매자가 제안을 거절하면 거래가 실패하여, 구매자와 판매자는 다음 단계인 K-RE100 REC 시장으로 넘어간다. PPA에서 거래된 총수량은 k로 표시되며, PPA 단계가 완료된 후 모든 참여자에게 알려진다.

나. K-RE100 REC 거래시장

PPA에서 거래하지 않고 K-RE100 REC 거래시장에 참여하는 구매자와 판매자의 수는 각각 I_2와 J_2이다.[28] K-RE100 REC 거래시장은 이중경매(Double Auction) 형태로, 구매자는 재생에너지를 구매하고자 하는 가격을 입찰(bid)하고 판매자는 판매하고자 하는 가격을 제시(offer)한다.

구매자의 입찰가격을 순서통계량을 이용하여, $b_{(1)} \geq b_{(2)} \geq \cdots \geq b_{(I_2)}$이고 $b_{(I_2+1)} = \sup\{b : F(b)=0\}$으로 정리한다. 판매자의 제시가격은 순서대로 $s_{(1)} \leq s_{(2)} \leq \cdots \leq s_{(J_2)}$이고 $s_{(J_2+1)} = \inf\{s : H(s)=1\}$으로 정리한다.

구매와 RPS REC 판매를 통해 0 이상의 이익을 얻는 경우에만 재생에너지 거래시장에 참여하기 때문에 이러한 단계는 중복되므로 생략한다.

27 PPA는 구매자와 판매자 입장에서 장기계약을 통해 전기도매가격의 변동성에 대한 리스크를 줄일 수 있다는 장점을 갖는다. 다만, 본 연구는 구매자와 판매자의 이익 함수에서 위험회피 성향을 반영하지 않고 있기 때문에, 전력도매가격의 불확실성을 추가하여도 PPA의 장점이 모형에 반영되기 어려운 한계가 있다.

28 한편, I_1과 J_1은 각각 PPA 시장에 참여하는 구매자 및 판매자의 수를 의미한다.

가격과 거래수량 결정방식은 McAfee(1992)의 Detail-free Vickrey Double Auction을 이용한다. 해당 모형에서는 우선 $b_{(\ell)} \geq s_{(\ell)}$과 $b_{(\ell+1)} < s_{(\ell+1)}$을 만족시키는 ℓ과 $P_2^o = (b_{(\ell+1)} + s_{(\ell+1)})/2$을 산정한다.

만약 $P_2^o \in [s_{(\ell)}, b_{(\ell)}]$이 만족되면, 거래수량은 ℓ이 되고 구매 가격과 판매 가격은 모두 P_2^o가 된다($P_2^B = P_2^S = P_2^o$). 반면, $P_2^o \not\in [s_{(\ell)}, b_{(\ell)}]$이라면, 거래수량은 $\ell - 1$이 되고 구매 가격은 $b_{(\ell)}$, 판매 가격은 $s_{(\ell)}$이 된다 ($P_2^B = b_{(\ell)}$ & $P_2^S = s_{(\ell)}$). 구매자와 판매자가 각각의 개인 정보를 가지는 이중경매에서는 유인부합성(Incentive Compatibility)과 개인합리성(Individual Rationality), 예산제약(Budget Balance), 효율성(Efficiency)을 동시에 만족시킬 수 없다(Myerson and Satterthwaite, 1983). McAfee의 Detail-free Vickrey Double Auction은 이러한 성질들 중 효율성을 일부 희생하여 다른 성질들을 만족시키는 모형이다.

제3절 균형 분석

구매자와 판매자의 의사결정 과정에 순서가 존재하므로, 역진귀납법(Backward Induction)을 통해 최적 의사결정과 균형을 구한다. 재생에너지 거래시장에 참여하기로 결정한 구매자와 판매자는 PPA 협상과 K-RE100 REC 시장을 통해 거래를 시도한 후 거래가 이루어지지 않으면, 재생에너지를 녹색프리미엄으로 구매하거나 RPS 시장에서 판매한다. 의사결정의 마지막 순서는 K-RE100 REC 시장에서의 거래 시도로 볼 수 있으므로, 우선 K-RE100 REC 시장에서의 구매자와 판매자의 입찰과 제안에 대한 최적 의사결정을 찾기로 한다.

1. K-RE100 REC 거래시장

K-RE100 REC가 거래되는 이중경매 시장에서는 구매자와 판매자가 동시에 각각의 재생에너지 가격을 입찰 및 제안하고, 이에 따라 거래수량

과 가격이 결정된다. 거래조건을 만족하는 구매자는 P_2^B로 재생에너지를 구매하고, 판매자는 P_2^S에 재생에너지를 판매한다.

판매자는 거래가 성사될 경우 $P_2^S - c$의 이익을 얻고, 거래가 성사되지 않으면 RPS에서 $\lambda_j P_4 - c$의 이익을 얻는다. 따라서 $P_2^S \geq \lambda_j P_4$를 만족하는 판매자는 K-RE100 REC 시장에서의 거래를 선호하게 된다.

반면, 구매자는 거래가 성사될 경우 $v_i + e_i - P_2^B$의 이익을 얻고, 거래가 성사되지 않으면 녹색프리미엄에서 $v_i - P_3$의 이익을 얻는다. 따라서 $P_2^B \leq e_i + P_3$라면 구매자는 K-RE100 REC 시장에서의 거래를 선호한다.

McAfee(1992)는 Vickrey Double Auction에서 자신의 타입을 정직하게 보고하는 전략(Truthful Reporting)이 우월 전략 균형(Dominant Strategy Equilibrium)임을 보였다. 이를 통해 다음의 정리 1을 유도할 수 있다.[29]

정리 1. 판매자와 구매자 모두 자신의 타입을 솔직하게 보고하는 전략이 우월 전략 균형이다($b_i^* = e_i + P_3$ & $s_j^* = \lambda_j P_4$).

증명. 부록 참조.

2. PPA 계약시장

이제 K-RE100 REC 시장에 앞선 거래시장인 PPA 시장에서의 균형 전략을 찾는다. PPA 시장에서 구매자 i와 판매자 j가 매칭된 상황을 고려한다. PPA 계약시장은 구매자가 가격을 제시하고 판매자가 수락 여부를 결정하는 순서로 진행되므로, 판매자 j의 문제를 먼저 살펴보기로 한다.

판매자 j와 만난 구매자 i가 계약가격 $P_1^{i,j}$를 판매자 j에게 제시한 상황을 가정하자. 이러한 상황에서 판매자 j는 계약가격 $P_1^{i,j}$에 대한 수락 여부를 결정한다. 판매자 j가 제시된 계약가격인 $P_1^{i,j}$을 수락하면, 판매자에게 $P_1^{i,j} - c$의 이익이 발생한다. 반면, 이를 거절한다면 판매자 j는 K-RE100 REC 시장에서 거래를 시도하게 된다.

---

29 다만, 정리 1의 우월 전략 균형이 반드시 유일한 균형인 것은 아니다. 따라서 참가자들이 우월 전략 균형을 선택한다고 가정한다.

PPA 계약시점에 K-RE100 REC 예상가격을 $E_1P_2^S$와 $E_1P_2^B$로 표시한다. 만약 판매자가 PPA에서 제시된 거래가격을 거절하고 K-RE100 REC 시장에서 거래하고자 한다면 $E_1P_2^S-c$의 이익을 기대하게 된다. 그리고 K-RE100 REC 시장에서도 거래가 실패하게 되면 RPS 시장에서 거래하게 되어 λ_jP_4-c의 이익이 발생한다. 따라서 PPA 계약시점에 판매자는 $P_1^{i,j}-c$와 $\max\{E_1P_2^S-c,\ \lambda_jP_4-c\}$를 비교하여 제시가격의 수락 여부를 결정한다. $\lambda_j \geq E_1P_2^S/P_4$이라면, 판매자는 $P_1^{i,j} \geq \lambda_jP_4$인 경우 PPA에서 제시된 $P_1^{i,j}$을 수락하고 그 외에는 거절한다. 한편, $\lambda_j < E_1P_2^S/P_4$라면, $P_1^{i,j} \geq E_1P_2^S$인 경우 제시된 $P_1^{i,j}$를 수락하고 그 외에는 거절한다.

이제 계약가격을 제시하는 구매자 i의 문제를 살펴보자. 구매자는 $P_1^{i,j}$를 제시하여 판매자가 이를 수락할 경우 $v_i+e_i-P_1^{i,j}$의 이익을 얻는다. 반면, PPA 계약이 성사되지 않으면 구매자 i는 K-RE100 REC 시장에서 거래를 시도하게 된다. K-RE100 REC 시장에서 거래가 성사되면 $v_i+e_i-E_1P_2^B$의 이익을 얻고, K-RE100 REC 시장에서 거래가 성사되지 않으면 녹색프리미엄에서 거래하여 v_i-P_3의 이익을 얻는다. 즉, $e_i \geq E_1P_2^B-P_3$이면 구매자 i는 PPA 계약이 성사되지 않는다고 해도 K-RE100 REC 시장에서 거래가 성사될 것을 기대한다고 볼 수 있다. 따라서 PPA 계약시점에 구매자에게 $P_1^{i,j}$를 $E_1P_2^B$보다 높게 제시할 유인이 발생하지 않으므로, $P_1^{i,j} \leq E_1P_2^B$가 항상 성립된다.[30]

결과적으로 다음의 정리 2와 같이, PPA 계약시장에서 구매자 i와 판매자 j의 균형 전략을 찾을 수 있다. 여기에서 $\tilde{\lambda}=E_1(P_2^S)/P_4$이고 $\tilde{e}=E_1(P_2^B)-P_3$으로,[31] 각각의 임곗값(threshold)들이 존재한다.

---

30 판매자가 먼저 가격을 제시하고 구매자가 수락 여부를 판단하는 경우를 가정한다면, 판매자는 구매자가 K-RE100 REC 시장에서 구매하는 가격을 기준으로 PPA에서 가격을 제시하게 된다. 또한 제4절에서와 같이 전기와 인증서가 별도로 판매되고 소매 전기요금이 전력도매가격보다 높은 경우에는, 판매자가 소매 전기요금과 전력도매가격의 차이만큼을 추가 이익으로 가져가게 된다.

31 $\tilde{\lambda}=E_1(P_2^S)/P_4$에서의 $E_1(P_2^S)$는 P_2^S에 대한 PPA 거래시점에서의 기댓값이다. 유사하게, $\tilde{e}=E_1(P_2^B)-P_3$의 $E_1(P_2^B)$는 P_2^B에 대한 PPA 거래시점에서의 기댓값이다.

정리 2. PPA 계약에서 구매자와 판매자의 균형 전략은 다음과 같다.[32]

(1) 구매자 i는 $e_i \geq \tilde{e}$인 경우 $P_1^{i,j} = \tilde{\lambda} P_4$를 제시하고, $e_i < \tilde{e}$인 경우 $P_1^{i,j} = e_i + P_3$를 제시한다.

(2) 판매자 j는 $\lambda_j > \tilde{\lambda}$인 경우 제시된 가격이 $P_1^{i,j} \geq \lambda_j P_4$라면 제안을 수락하지만 나머지는 거절하고, $\lambda_j \leq \tilde{\lambda}$인 경우 $P_1^{i,j} \geq \tilde{\lambda} P_4$라면 제안을 수락하지만 나머지는 거절한다.

증명. 부록 참조.

구매자와 판매자의 균형 전략으로 인해, PPA 계약은 $e_i \geq \tilde{e}$인 구매자와 $\lambda_j \leq \tilde{\lambda}$인 판매자가 만나는 경우에만 성사된다. 하지만 K-RE100 제도에서 인정받는 재생에너지 중 RPS에서 $\tilde{\lambda}$ 이하의 가중치를 받는 경우는 상당히 제한적이다. 2023년 10월 기준으로 K-RE100 REC 가격은 85,842.2원/REC, RPS REC 가격은 80,790.8원/REC, 녹색프리미엄의 평균 낙찰가격은 11.5원/kWh이다.[33] 이를 기반으로 $\tilde{\lambda}$는 1.06, $\tilde{e}$는 74.3으로 추정할 수 있다.

K-RE100 제도에서 감축실적을 인정받으면서 RPS 가중치가 1.06 이하인 재생에너지 발전원은 중·대규모 태양광 정도로, 다른 종류의 재생에너지 발전원은 이 조건을 만족하기 어렵다. 따라서 RPS의 가중치 문제로 인해 PPA에서 다양한 재생에너지 발전원이 계약되기 어렵고, 낮은 가중치의 판매자만 주로 PPA나 K-RE100 REC 시장에서 거래할 것으로 예상된다.

한편, 구매자의 경우에는 감축실적 인정에 따른 혜택이 일정 수준 이

---

32 PPA에서는 구매자와 판매자가 1 대 1로 매칭된 후 양자 간 거래를 한다. 정리 2는 다수의 구매자와 판매자가 양방향에서 동시에 거래하는 K-RE100 REC와 달리, $e_i \geq \tilde{e}$인 구매자와 $\lambda_j \leq \tilde{\lambda}$인 판매자가 매칭되는 경우에 한하여 거래가 이루어진다는 것을 보인다. 즉, 해당 조건의 구매자와 판매자가 매칭되지 않는 경우도 있기 때문에 PPA에서 모든 구매자와 판매자가 거래하는 경우는 발생하지 않는다. $e_i \geq \tilde{e}$인 구매자가 $\lambda_j > \tilde{\lambda}$인 판매자와 매칭되거나 $\lambda_j \leq \tilde{\lambda}$인 판매자가 $e_i < \tilde{e}$인 구매자와 매칭되는 경우에는 PPA에서 거래가 이루어지지 않고 K-RE100 REC에서 거래하게 된다.

33 2023년 10월 기준 K-RE100 REC의 총거래량은 7,164, RPS REC의 총거래량은 1,323,561이다(RE100 정보플랫폼).

상인 경우 PPA나 K-RE100 REC 시장에서 거래한다. 하지만 국내 배출권 가격은 이월 제한 등 여러 제도적 요인으로 인해 지속적으로 하락하는 추세를 보이고 있다(윤여창, 2023).[34] 배출권 가격과 연동된 감축실적 인정에 따른 혜택 역시 낮게 유지되고 있어서, $\tilde{e}$ 이상을 만족하는 구매자는 많지 않을 수 있다. 결과적으로 RPS의 가중치 문제와 배출권거래제의 문제 등으로 인해, PPA 계약에서 $e_i \geq \tilde{e}$인 구매자와 $\lambda_j \leq \tilde{\lambda}$인 판매자가 만나는 경우는 제한적이다.

3. RPS 가중치 및 감축실적 혜택의 분포 변화

RPS 가중치의 변화는 K-RE100 거래시장에도 영향을 미친다. RPS 가중치 분포가 오른쪽으로 이동하여 가중치에 대한 기댓값이 증가한다면, 판매자 입장에서는 RPS 시장에서의 기대보상이 상승한다고 볼 수 있다.[35] 감축실적 인정에 따른 혜택 역시 K-RE100 거래시장에 영향을 미친다. 배출권 가격에 연동되는 감축실적 인정의 혜택에 따른 규모가 증가하면, 구매자 입장에서는 재생에너지 구매를 통한 효용이 증가한다.

정리 3. (1) $\hat{\lambda}$가 순증가하면(strictly increase) $E\ell$은 약하게 감소하고 (weakly decrease), EP_2^o는 약하게 증가한다(weakly increase). 또한 Ek는 약하게 감소하고 $EP_1^{i,j}$는 약하게 증가한다.

(2) $\hat{e}$가 순증가하면 $E\ell$와 EP_2^o은 모두 약하게 증가한다. 마찬가지로 Ek와 $EP_1^{i,j}$ 역시 모두 약하게 증가한다.

증명. 부록 참조.

---

34 2019년 12월 기준 국내 배출권 가격은 40,950원으로, 국내외 배출권거래제 중 가장 높은 가격을 기록했다. 하지만 2050 탄소중립이나 2030년 NDC 감축목표 상향에도 불구하고 국내 배출권 가격은 지속적으로 하락하여, 2023년 10월 27일 기준 국내 배출권 가격은 11,300원으로 주요 배출권거래제 중 가장 낮은 가격을 기록했다(배출권시장 정보플랫폼).

35 본 모형의 특성상 P_4는 외생적으로 주어진다. 따라서 λ의 분포는 단순히 RPS 가중치의 변화로 보기보다는, RPS REC 시장에서의 판매자 보상에 대한 전반적인 변화로 보는 것이 적절할 수 있다.

정리 3의 (1)은 RPS 제도의 가중치가 전반적으로 상승하면 K-RE100 REC 시장의 거래량은 감소하고 거래가격은 상승한다는 것을 보인다. 이는 재생에너지 발전사업자들이 동일한 재생에너지 공급에 대해서 RPS REC 시장에서 받는 보상이 증가하기 때문이다. 반면, 구매자들은 K-RE100 REC 가격의 상승으로 인해 PPA나 K-RE100 REC에서 거래하지 않고 녹색프리미엄에서 재생에너지를 구매하게 된다. 따라서 RPS 가중치의 분포뿐만 아니라 전반적인 가중치 평균의 증가 역시 K-RE100의 PPA와 REC 거래에 부정적인 영향을 미칠 수 있다는 점을 알 수 있다.

한편, 정리 3의 (2)는 감축실적에 대한 전반적인 혜택이 증가할 경우, K-RE100 REC 기대가격과 거래량이 모두 증가한다는 것을 보인다. 이는 재생에너지 구매를 통한 배출권거래제의 감축실적 혜택이 증가하여, 구매자들이 동일한 재생에너지 공급인증서에 대해 더 높은 비용을 지불할 유인이 발생하기 때문이다.

4. 참여 조건

마지막으로 구매자와 판매자의 참여 의사결정에 대한 균형 전략을 살펴본다. 구매자와 판매자는 참여 단계에서 각각 재생에너지 거래시장에 참여했을 때 발생할 수 있는 기대이익을 비교한다. 구매자와 판매자는 각각 본인의 e_i, λ_j를 $\widetilde{e_0}$, $\widetilde{\lambda_0}$와 비교하여,[36] 재생에너지 거래시장에 참여할 때 어느 거래방식을 통해 거래할 것인지 예상할 수 있다.

다음의 정리 4는 외생적으로 주어지는 조건인 $\bar{e}$와 P_3, c 등에 따라 구매자와 판매자의 참여 조건 및 거래시장이 어떻게 달라지는가를 보여준다. K-RE100의 제도적 요인과 함께, 감축실적 인정에 대한 혜택과 재생에너지 발전설비 비용 역시 재생에너지 거래시장으로의 참여 여부와 K-RE100 이행수단에 영향을 미친다.[37]

---

36 정리 2에서 살펴본 임계점들인 $\tilde{e}$와 $\tilde{\lambda}$를 재생에너지 거래시장 참여 여부를 결정하는 시점의 $\widetilde{e_0}$와 $\widetilde{\lambda_0}$로 다시 정의할 수 있다($\widetilde{\lambda_0} = E_0(P_2^S|\widetilde{\lambda_0}, \widetilde{e_0})/P_4$ & $\widetilde{e_0} = E_0(P_2^B|\widetilde{\lambda_0}, \widetilde{e_0}) - P_3$).

정리 4.

(1) $\bar{e}+P_3 < c$인 경우,

(i) $\lambda_j > c/P_4$인 판매자는 재생에너지를 공급하여 RPS에 참여하지만, 그 외의 판매자는 재생에너지를 공급하지 않는다.

(ii) $v_i \geq P_3$인 구매자는 녹색프리미엄을 통해 재생에너지를 구매하지만, 그 외의 구매자는 재생에너지를 구매하지 않는다.

(2) $\bar{e}+P_3 \geq c$인 경우 모든 판매자가 재생에너지를 공급하는데,

(i) $\lambda_j \leq \widetilde{\lambda_0}$인 판매자는 PPA 계약을 시도하고 K-RE100 REC 거래시장에 참여한다. $\lambda_j > \widetilde{\lambda_0}$인 판매자는 RPS에만 참여한다.

(ii) $e_i < \widetilde{e_0}$ & $v_i \geq P_3$인 구매자는 녹색프리미엄을 통해 재생에너지를 구매하고, $e_i \geq \widetilde{e_0}$ & $v_i \geq \widetilde{e_0}+P_3-e_i$인 구매자는 PPA 계약을 시도하고 K-RE100 REC 거래시장에 참여한다. 그 외의 구매자는 재생에너지를 구매하지 않는다.

증명. 부록 참조.

정리 4의 (1)에 따르면, 재생에너지 발전설비 투자비용이 감축실적 인정에 대한 혜택의 상한과 녹색프리미엄 가격에 비해 충분히 클 경우 PPA나 K-RE100 REC 거래시장은 활성화되기 어렵다. 구매자의 경우, 재생에너지 구매에 대한 자발적 선호인 v_i가 녹색프리미엄 가격인 P_3보다 높은 경우에만 K-RE100에 참여하여 녹색프리미엄으로 이행한다. 반면, 판매자는 가중치 λ_j가 c/P_4 이상인 경우에만 재생에너지를 공급하여 RPS REC 시장에서 판매한다. 따라서 PPA나 K-RE100 REC 시장에서는 거래가 이루어지지 않는다. 결과적으로 현재 국내 K-RE100 제도에서 발생하고 있는 이행수단의 불균형과 녹색프리미엄 제도로의 편중 현상이 발생하는 조건을 정리 4의 (1)이 보여준다. 재생에너지 발전설비 투자비용이 지나치게 크거나 감축실적 인정에 대한 혜택 및 녹색프리미엄 가격이

---

37 $\bar{e}+P_3 \geq c$인 경우, 구매자 수가 전반적으로 매우 적더라도 $E_0P_2^S \geq c$가 만족되기 때문에 판매자는 PPA나 K-RE100 REC 시장에서의 거래가격이 적정 수준으로 형성될 것을 기대할 수 있게 된다. 따라서 재생에너지 공급을 결정하는 단계에서 모든 판매자가 참여하는 방향으로 의사결정을 한다.

[그림 3-2] 재생에너지 거래시장의 참여 조건

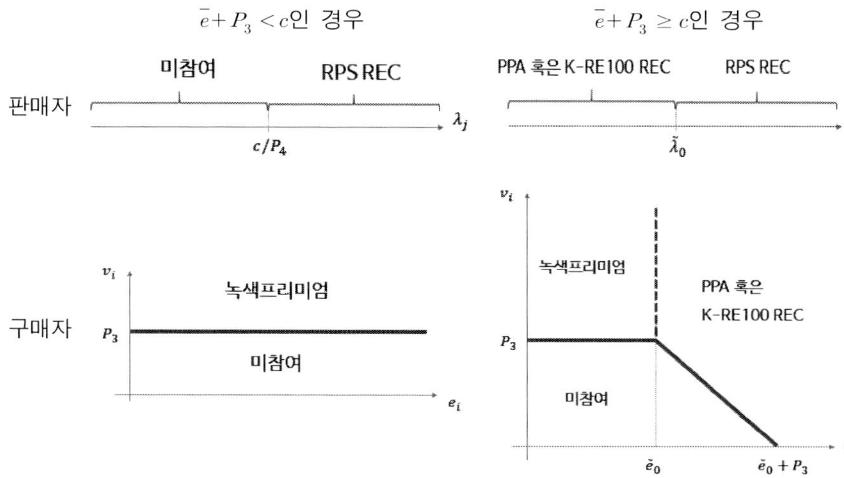

자료: 저자 작성.

상대적으로 낮게 형성된다면, 구매자의 이행수단 대부분이 녹색프리미엄으로 편중되고 판매자는 RPS 거래시장에서만 인증서를 판매하는 현상이 발생할 수 있다.[38]

한편, 정리 4의 (2)에서와 같이, 재생에너지 발전설비 투자비용이 감축실적 인정에 대한 혜택의 상한과 녹색프리미엄 가격에 비해 상대적으로 저렴하다면 K-RE100 REC 가격이 적절한 수준으로 형성될 수 있다. 이 경우에는 모든 판매자들이 재생에너지를 공급하여 가중치가 낮은 경우 PPA를 시도하거나 K-RE100 REC 거래시장에 참여하고, 구매자들 중 일부 역시 PPA나 K-RE100 REC에서 재생에너지를 구매한다.

---

38 모형에서 언급된 변수들 외에도, 구매자 입장에서는 녹색프리미엄이 이행수단 중 접근성이 가장 좋다는 장점이 있다(이상준, 2023). 판매자 입장에서는 RPS 제도가 K-RE100 제도에 비해 금융조달이나 시장 성숙 등에서 유리한 측면이 있다.

제4절 전기요금과 인증서 가격 구분

지금까지는 K-RE100 제도의 이행수단에서 거래가격에 전기요금과 인증서 가격이 포함된 묶음(bundled) 형태를 고려하였다. 하지만 실제로는 PPA를 제외한 다른 이행수단에서는 전기요금과 인증서 가격이 구분된다. K-RE100 REC 시장이나 RPS REC 시장의 경우, 판매자는 전기를 전력도매시장에서 판매하고 인증서만을 K-RE100 REC 시장이나 RPS REC 거래시장에서 거래한다. 반면, 구매자는 K-RE100 REC 거래시장이나 녹색프리미엄을 통해 K-RE100을 이행할 경우, 재생에너지 인증서는 K-RE100 거래시장을 통해 구매하고, 전기는 한전을 통해 구매하여 소비하고 요금을 납부한다.

전력도매가격과 소매 전기요금, 각 이행수단의 재생에너지 인증서 거래가격을 구분하기 위해, P_0^M을 전력도매가격(SMP), P_0^D를 소매 전기요금, $P_j^{'}$을 각 이행수단에서의 재생에너지 인증서 거래가격으로 표시한다 ($j=2,3,4$). 전기요금과 인증서 가격 구분에 따른 구매자와 판매자의 거래시장별 이익은 <표 3-1>과 같다.

이러한 상황에서는 정리 5에서 볼 수 있듯이, 전력도매가격과 소매 전기

<표 3-1> 전기요금과 인증서 가격 구분에 따른 Payoff 재정리

이행수단	판매자		구매자	
	기존 모형	확장 모형	기존 모형	확장 모형
μ_1 (PPA)	$P_1 - c$		$v_i + e_i - P_1$	
μ_2 (K-RE100 REC)	$P_2 - c$	$P_0^M + P_2^S - c$	$v_i + e_i - P_2$	$v_i + e_i - P_0^D - P_2^{B'}$
μ_3 (녹색프리미엄)	-	-	$v_i - P_3$	$v_i + P_0^D - P_3'$
μ_4 (RPS)	$\lambda_j P_4 - c$	$P_0^M + \lambda_j P_4^{'} - c$	-	-

자료: 저자 작성.

요금 간의 차이에 따라 PPA 거래 여부가 달라질 수 있다. 만약 전력도매가격이 소매 전기요금과 동일하거나 작다면, 정리 4와 같이 외생적인 변수의 크기에 따라 PPA 거래가 성립될지 여부가 결정될 수 있다.[39] 반면, 소매 전기요금이 전력도매가격보다 낮은 상황에서는 외생변수와 무관하게 PPA 거래가 이루어지지 않는다. 구매자는 전기요금과 인증서 가격을 더한 값 이상을 제시할 유인이 없고, 판매자는 제시가격이 전력도매가격과 인증서 가격을 더한 값 이상일 경우에만 거래를 수용하기 때문이다. 따라서 PPA 거래가 활성화되기 위해서는 전기요금이 전력도매가격을 반영하여 합리적으로 결정되는 것이 중요하다.

정리 5. (1) 만약 $P_0^M \leq P_0^D$이라면 외생변수에 따라 PPA 계약이 이루어질 수 있다.

(2) 만약 $P_0^M > P_0^D$이라면 PPA 계약은 이루어지지 않는다.

증명. 부록 참조.

---

39 소매 전기요금이 전력도매가격과 같다면, 구매자와 판매자의 이익은 PPA와 RE100 REC 거래시장에서 동일하다. 반면, 소매 전기요금이 전력도매가격보다 높다면, PPA 거래에서 가격을 제안하는 구매자가 PPA 계약가격을 RE100 REC 기대가격과 동일하게 제시하고 소매 전기요금과 전력도매가격의 차이만큼을 추가 이익으로 가져간다.

제4장

결론 및 정책 시사점

K-RE100 제도가 도입되면서, RPS에서 공급의무를 부여받는 대형발전사들만이 구매자로 참여했던 재생에너지 거래시장에 기업의 자발적 수요가 반영되기 시작했다. 하지만 RE100 참여를 선언한 기업들이 증가하는 추세인 것과 달리, K-RE100 거래시장에서는 수요가 충분히 반영되지 않고 있고 이행수단 역시 녹색프리미엄에 편중되어 있다. 이는 구매자인 기업들이 재생에너지 구매가격에 부담을 느끼고 있으며, K-RE100 이행수단에서 불균형과 왜곡이 발생하고 있음을 시사한다.

국내 재생에너지 거래시장은 일반 기업을 위해 마련된 재생에너지 구매제도인 K-RE100 제도와 재생에너지 지원정책인 RPS 제도로 구성된다. RPS 제도는 규제에 의해 형성된 재생에너지 거래시장으로, 재생에너지 공급의무를 지니는 대형발전사들이 재생에너지 발전사로부터 재생에너지 인증서(REC)를 구매할 수 있다. K-RE100 제도는 기업의 자발적 수요에 의해 형성된 재생에너지 거래시장으로, 구매자인 기업은 녹색프리미엄, PPA, K-RE100 REC 거래시장 등을 통해 재생에너지를 구매할 수 있다. 한편, 재생에너지 발전사업자는 RPS REC 시장에서 의무공급자에게 REC를 판매할 수도 있고, K-RE100 제도에서 PPA나 K-RE100 REC 거래시장을 통해 기업과 거래할 수도 있다.

본 연구에서는 K-RE100과 RPS 제도를 중심으로 국내 재생에너지 거래시장의 구조를 분석하기 위한 이론모형을 설계하고, 이를 통해 재생에너지 거래시장을 인접 제도인 배출권거래제, 전력시장 등과 연결시켜 분석하였다. 본 장에서는 분석 결과를 요약하고 이를 바탕으로 정책적 시사점을 도출하고자 한다.

제1절 분석 결과

본 모형에서 구매자와 판매자는 각각 재생에너지 거래시장에 참여할지 여부를 우선적으로 결정하고 재생에너지를 거래할 시장을 선택한다. 그리고 해당 거래시장에서 최적의 의사결정을 내린다. 재생에너지 거래시장에 참여하기로 결정한 구매자와 판매자는 우선 PPA에서 양자 간 협상을 시도한다. PPA에서 거래가 성사되지 않은 구매자와 판매자는 K-RE100 REC 거래시장에 참여하여 거래를 시도한다. K-RE100 REC에서도 거래가 성사되지 않은 구매자는 녹색프리미엄을 통해 재생에너지를 구매하고, 판매자는 RPS REC 시장에서 재생에너지를 판매한다. 한편, RPS REC 시장에서 재생에너지를 판매하는 경우, 재생에너지 발전사는 사전에 정해진 가중치에 따라 각기 다른 판매보상을 받는다.

모형에 대한 분석 결과를 살펴보면, K-RE100 제도의 거래가격과 거래량은 RPS 제도로부터 상당한 영향을 받는다. RPS에서 높은 가중치를 받는 재생에너지 발전사업자는 REC 발급량이 발전량과 일치하는 K-RE100 REC 거래시장에 진입할 유인이 낮다. 따라서 RPS 가중치 문제로 인해 재생에너지 구매자인 기업은 PPA에서 다양한 재생에너지 발전원을 구성하기 어렵게 된다. 또한 재생에너지 발전사업자 입장에서 RPS 거래시장에서의 보상이 높아진다는 것은 PPA나 K-RE100 REC 거래시장 진입에 대한 기회비용이 증가함을 의미한다. 따라서 RPS 가중치와 RPS REC 가격이 상승할수록, PPA와 K-RE100 REC 거래시장의 거래량은 감소하고 거래가격은 높아지게 된다.

PPA와 K-RE100 REC에서 거래가 활성화되기 위해서는, K-RE100 제도의 자체적인 설계와 재생에너지 발전설비의 설치를 위한 환경이 중요하다. 녹색프리미엄 가격이 상당히 낮게 형성되는 경우 재생에너지 구매자는 PPA나 K-RE100 REC 거래시장에 참여할 유인이 줄어들게 된다. 또한 양자 간 협상인 PPA의 경우 적합한 구매자와 판매자가 매칭될 확률이 거래 성사 확률에도 영향을 미친다. PPA 거래 확률을 높이기 위해서는 감축실적 인정 혜택이 일정 수준 이상인 구매자와 RPS에서 받는 가중치가 일정 수준 이하인 판매자가 만날 확률이 증가해야 한다.

한편, 재생에너지 발전설비 투자비용 역시 재생에너지 발전사업자의 K-RE100 거래시장 진입에 영향을 준다. 재생에너지 발전설비 투자비용이 상당히 높다면 K-RE100 REC 가격은 적정 수준에서 형성되기 어렵다. 이 경우에는 RPS 가중치가 높은 재생에너지 발전사업자만 재생에너지를 공급하여 RPS REC 거래시장에서 판매한다.[40] 이러한 상황에서는 가중치가 낮은 재생에너지 판매자가 재생에너지를 생산하지 않게 되어, PPA와 K-RE100 REC 거래시장이 활성화되지 않는다.

추가적으로 인접 제도인 배출권거래제와 전력시장의 문제가 K-RE100 제도에도 영향을 준다. 감축실적에 대한 인정의 혜택이 지나치게 낮다면, 구매자 입장에서 녹색프리미엄 대비 PPA와 K-RE100 REC 거래시장의 이점이 줄어들게 된다. 따라서 배출권 가격이 여러 제도적 이유로 지나치게 낮게 형성된다면 PPA와 K-RE100 REC 거래시장은 활성화되지 않는다. 또한 전기요금이 전력도매가격보다 낮게 형성된 상황에서도 PPA 거래는 활성화되지 않는다. PPA에서는 REC뿐만 아니라 재생에너지로 생산된 전기 역시 함께 거래되기 때문에, 전기요금이 전력도매가격보다 낮은 경우에는 구매자가 제시하는 가격과 판매자가 수용하는 가격이 거래가 성사되기 위한 범위 안에서 형성되기 어렵다.

---

40 RPS 시장에서는 의무공급자인 대형발전사들이 반드시 발전량의 일정 비중 이상을 신·재생에너지로 생산해야 하므로, REC 가격이 높아져도 거래가 발생한다.

제2절 정책적 시사점

우선 K-RE100 제도 내 이행수단들 간의 연계성과 재생에너지의 추가성을 고려하여 K-RE100 제도를 정비할 필요가 있다. K-RE100 제도의 다른 이행수단과 달리, 녹색프리미엄 제도의 판매물량은 재생에너지 발전사업자가 아닌 정책적 판단에 의해 결정된다. 현재 녹색프리미엄에서는 수요 대비 과도한 판매물량과 입찰가격 지불(Pay-as-Bid) 형태의 경매방식으로 인해 수요 측의 경쟁이 발생하지 않고 거래가격은 낮게 형성되고 있다. 다른 이행수단 대비 접근성이 좋고 간편하다는 장점이 더해져서 K-RE100 제도의 이행 대부분이 녹색프리미엄으로 이루어지고 있다. 재생에너지의 추가성이 낮고 K-RE100 참여 기업의 선호도 역시 낮은 편이지만, 현재의 K-RE100 제도는 참여 기업들을 녹색프리미엄으로 유인하는 방향으로 설계되어 있다. 이는 K-RE100 제도 도입 초기에 기업들을 K-RE100 제도로 유도하는 데에는 유용할 수 있지만, PPA와 K-RE100 REC 거래시장의 발전을 저해할 수 있다. 따라서 장기적으로는 녹색프리미엄의 가격하한과 판매물량의 적절성에 대한 검토가 필요하다.

또한 직접 PPA에 대한 지속적인 개선과 고도화가 요구된다. 다양한 PPA 조달 모형을 개발하여 거래의 금융·회계적 편의를 돕고 리스크 관리를 개선할 필요가 있다(진우삼, 2023). 물리적으로 구매자와 판매자가 연결되는 물리적 PPA뿐만 아니라 재무적 PPA, 복수 판매·구매 모형, 리싱모델(Leasing Model) 등을 고려할 수 있다. 또한 거래대상을 찾기 위한 탐색비용을 낮추고 적합한 구매자와 판매자가 매칭될 확률을 높이기 위해,[41] 관련 정보를 제공할 수 있는 방안을 마련할 필요가 있다.

그리고 무엇보다도 재생에너지 정책 전반을 정비할 필요가 있다. 2012년에 RPS 제도가 도입된 이후, 대형발전사에 재생에너지 공급의무가 부여되면서 재생에너지 수요를 정책적으로 만들어 왔다.[42] 이와 같이 국내

---

41 제3장에서 분석한 바와 같이, $e_i \geq \tilde{e}$인 구매자와 $\lambda_j \leq \tilde{\lambda}$인 판매자가 매칭되는 경우를 의미한다.

재생에너지 정책은 공급의무를 강조하며 재생에너지 발전사업자에 대한 보상의 규모를 조절하는 방식으로 진행되었다. 그리고 경제성과 정책성을 고려하여 발전원 및 설치유형에 따라 가중치를 부여하며, 공급 측면에서의 유인체계를 구성해 왔다. 하지만 K-RE100 제도가 도입되면서 일반적인 기업의 재생에너지에 대한 자발적 수요가 재생에너지 거래시장에 반영되고 있다. 따라서 공급 중심의 정책에서 벗어나 자발적 수요를 함께 고려하는 재생에너지 정책 설계를 고민해야 할 시점이다.[43]

RPS 제도는 해당 제도 자체적으로도 공급인증서 남용과 가중치 문제로 인해 정책 왜곡이 발생하고 있다고 지적받는다. 여기에 K-RE100 제도가 도입되면서, RPS 제도의 가중치는 재생에너지 거래시장 전반에 영향을 미치고 K-RE100 이행수단 간의 불균형을 발생시키고 있다. 따라서 RPS 제도의 가중치를 간소화하고, REC 발급량 규모를 발전량에 가깝게 일치시킬 수 있도록 조정해야 한다.

한편, RPS 제도의 공급의무는 전력판매자가 아닌 대형발전사에 부여되고 있다. 하지만 RPS 제도에서 대형발전사는 재생에너지 발전의 공급자인 동시에 수요자의 역할을 한다(이석호・조상민, 2017). 또한 발전공기업들은 정산조정계수와 공공기관 경영평가 등의 요인들로 인해,[44] RPS 목표를 이행하는 것 자체가 중요하다. 이로 인해 RPS REC 양방향 거래시장에서 수요 측의 경쟁 유인이 저해되고, REC를 낮은 가격으로 구매하여 수익성을 개선할 유인이 줄어든다. 따라서 RPS 제도 내 경쟁을 촉진하여 REC 가격 인하를 유도하기 위해서는, 판매자만을 대상으로 하는 단방향 경매제도로의 전환이 필요하다.[45] 또한 REC 재판매 허용이나 자

---

42 RPS 제도는 K-RE100 제도의 여러 이행수단들에 비해 상대적으로 제도가 잘 정비되어 있고, 투자자금을 조달하는 금융기관의 이해도가 높은 편이다(김범조, 2023).

43 국내 전력시장의 재생에너지 발전 비중은 2022년 기준 8.1%(한국에너지공단 신・재생에너지센터)로, 2019년 기준 OECD 국가 평균인 23.5%(통계청, 2023)보다 현저히 낮은 상황이다. 국가 재생에너지 목표를 반영하는 RPS 제도의 의무 발전뿐만 아니라, 기업의 재생에너지에 대한 수요 증가 역시 국가 재생에너지 비중 확대에 기여할 수 있다.

44 한전과 발전자회사들은 재무균형을 위해 원자력과 석탄 등 기저발전설비의 초과이윤을 회수하는 정산조정계수를 적용하고 있다. 하지만 정산조정계수는 RPS 시장에서 경쟁 유인을 저해하여 REC를 저렴하게 구매할 유인을 감소시킬 수 있다.

산유동화 등 제도적 유연성을 통해 REC 가격이 하락하도록 유인할 필요가 있다.

장기적으로는 재생에너지 발전설비의 투자비용을 절감하기 위한 방안을 모색해야 한다. 우리나라의 재생에너지 발전단가는 하락하는 추세이지만, 해외 주요국들과 비교하면 여전히 높은 편이다(이근대・임덕오, 2021). 특히 재생에너지 발전설비를 투자하기 위한 금융 비용과 인허가 비용, 그리고 기타 비용에 해당하는 간접비용이 타 국가 대비 높은 수준이다. 지리적・환경적 여건으로 인해 국내의 재생에너지 발전설비 투자비용을 절감하는 데에는 한계가 있지만, 행정적으로 발생하는 비용은 일부 절감할 수 있으며 계획입지제도를 통해 규모의 경제를 달성하고 토지비용과 수용성 문제를 완화할 수 있다.

마지막으로 배출권거래제와 전력시장 등 인접 제도들이 K-RE100 제도에 상당한 영향을 미친다는 것을 인지해야 한다. 배출권 가격이 제도적 요인으로 인해 낮게 유지됨에 따라 재생에너지 구매자가 PPA나 K-RE100 REC에 참여할 유인이 저해되고 있다. 전력시장에서는 전력도매가격보다 소매 전기요금이 낮게 형성되어 PPA 활성화를 저해하는 요인으로 작용한다. 재생에너지 거래시장을 활성화하기 위해 정상적으로 작동하고 있는 인접 제도들을 개선할 필요는 없지만, 이미 해당 제도들에서도 왜곡에 따른 문제가 발생하고 있고 이러한 왜곡이 K-RE100 제도에도 부정적인 영향을 미치게 된다는 점은 인지할 필요가 있다.

---

45 고정가격 경쟁입찰을 확대하거나 재생에너지 중앙입찰시장을 도입하는 방안을 고려할 수 있다. 단방향 경매에서는 경매주관자가 재생에너지 목표량과 전력시장 현황을 고려하여 RPS 제도에서 필요한 재생에너지 총량을 설정하면, 주어진 총량하에서 판매자들이 공급 입찰 경쟁을 벌이게 됨으로써 REC 가격이 결정된다.

참고문헌

김범조, 「국내 RE100 및 직접 PPA 도입의 국내 기업에 대한 영향」, 『에너지포커스 2023년 여름호』, 제20권 제2호, 통권 88호, 2023.

『르몽드 디플로마티크』, 「SK부터 삼성, LG도 가세한 'RE100'... '그린워싱' 피하려면?」, 2022. 8. 29.

유종민 · 이재석, 「REC 명목가치 하락으로 인한 양적 통제장치로서의 RPS 왜곡」, 『자원환경경제연구』, 제31권 제1호, 2022.

윤여창, 「배출권거래제의 시장기능 개선 방안」, KDI FOCUS, 제123호, 한국개발연구원, 2023.

이근대 · 임덕오, 『재생에너지 공급확대를 위한 중장기 발전단가 (LCOE) 전망 시스템 구축 및 운영(2/5)』, 에너지경제연구원, 2021.

이상준, 「RE100 이행수단으로서 PPA의 중요성과 개선 과제」, 『에너지포커스 2023년 여름호』, 제20권 제2호, 통권 88호, 2023.

이석호 · 조상민, 『신재생에너지 RPS제도 개선을 위한 경매제도 도입 방안 연구』, 에너지경제연구원, 2017.

이수일 · 노재형 · 백철우, 『신재생에너지 보급정책의 효율화 방안 연구』, 정책연구시리즈 2015-17, 한국개발연구원, 2015.

전력거래소, 「직접 PPA 활성화를 위한 국내 RE100시장 분석 보고서」, 2022.

_____, 「전력거래소, 전력시장 5천 회원 및 REC시장 10만 회원 시대를 열다!」, 보도자료, 2022. 5. 18.

진우삼, 「해외 PPAs 등 재생에너지 조달 관련 제도의 동향과 시사점」, 『에너지포커스』 2023년 여름호, 제20권 제2호, 통권 88호, 2023.

통계청, 『한국의 SDG 이행보고서 2023』, 2023.

Landi, M., D. Menicucci, and A. Sarychev, "Competing Auctions with Non-identical Objects," *Journal of Mathematical Economics*, 106, 2023.

Loertscher, S., L. M. Marx, and T. Wilkening, "A Long Way Coming: Designing Centralized Markets with Privately Informed Buyers and Sellers," *Journal of Economic Literature*, 53(4), 2015, pp.857~897.

McAfee, R. P., "A Dominant Strategy Double Auction," *Journal of Economic*

Theory, 56(2), 1992, pp.434~450.

_____, "Mechanism Design by Competing Sellers," *Econometrica,* 61(6), 1993, pp.1281~1312.

Myerson, R. B. and M. A. Satterthwaite, "Efficient Mechanisms for Bilateral Trading," *Journal of Economic Theory*, 29(2), 1983, pp.265~281.

Pai, M. M, "Competition in Mechanisms," *ACM SIGecom Exchanges*, 9(1), 2010.

Parlane, S., "Auctioning Horizontally Differentiated Items," *Review of Industrial Organization*, 33(2), 2008, pp.113~128.

Pavan, A. and G. Calzolari, "Truthful Revelation Mechanisms for Simultaneous Common Agency Games," *American Economic Journal: Microeconomics*, 2(2), 2010, pp.132~190.

Peck, J., "Competing Mechanisms with Multi-unit Consumer Demand," *Journal of Economic Theory*, 177, 2018, pp.126~161.

Peters, M. and S. Severinov, "Competition Among Sellers Who Offer Auctions Instead of Prices," *Journal of Economic Theory*, 75(1), 1997, pp.141~179.

The Climate Group & CDP, "RE100 Annual Report 2022," 2023.

Virag, G., "Buyer Heterogeneity and Competing Mechanisms," *Tech. rep.*, University of Rochester, 2007.

Williams, S. "A Characterization of Efficient, Bayesian Incentive Compatible Mechanisms," *Economic Theory*, 14, 1999, pp.155~180.

<웹사이트 및 자료>

배출권시장 정보플랫폼(https://ets.krx.co.kr, 접속일: 2023. 10. 30).

전력거래소(https://new.kpx.or.kr/, 접속일: 2023. 10. 30).

한국에너지공단 신・재생에너지센터(https://www.knrec.or.kr/, 접속일: 2023. 10. 30).

한국전력 에너지마켓플레이스(https://en-ter.co.kr, 접속일: 2023. 10. 30).

RE100 정보플랫폼(https://www.k-re100.or.kr/, 접속일: 2023. 10. 30).

부 록

제3장의 정리에 대한 증명

1. 정리 1에 대한 증명

정리 1. 판매자와 구매자 모두 자신의 타입을 솔직하게 보고하는 전략이 우월 전략 균형이다($b_i^* = e_i + P_3$ & $s_j^* = \lambda_j P_4$).

증명.

K-RE100 REC 시장에서 구매자는 거래가 성사되면 $v_i + e_i - P_2^B$의 이익을 얻게 되고, 거래가 실패하면 녹색프리미엄에서 재생에너지를 구매하여 $v_i - P_3$의 이익을 얻게 된다. 즉, K-RE100 REC 시장에서 구매자는 P_2^B가 $e_i + P_3$이상일 경우 거래할 유인이 없다. 한편, K-RE100 REC 시장에서 판매자는 거래가 성사되면 $P_2^S - c$의 이익을 얻고, 거래가 실패하면 RPS REC 시장에서 재생에너지를 판매하여 RPS 가중치에 따라 $\lambda_j P_4 - c$의 이익을 얻게 된다. 따라서 판매자는 P_2^S가 $\lambda_j P_4$보다 낮을 경우 K-RE100 REC 시장에서 거래할 유인이 사라진다.

한편, McAfee(1992)는 Theorem 1에서 Detail-free Double Auction에 참여한 구매자와 판매자의 경우 자신의 실제 선호를 솔직하게 보고하는 전략이 우월 전략 균형이라는 점을 보인 바 있다. 이를 본 모형에 적용한다면, K-RE100 REC 거래시장에서 구매자는 $b_i^* = e_i + P_3$을 보고하고, 판매자는 $s_j^* = \lambda_j P_4$을 보고하는 것이 우월 전략 균형이 된다.□

2. 정리 2에 대한 증명

정리 2. PPA 계약에서 구매자와 판매자의 균형 전략은 다음과 같다.

(1) 구매자 i는 $e_i \geq \tilde{e}$인 경우 $P_1^{i,j} = \tilde{\lambda} P_4$를 제시하고, $e_i < \tilde{e}$인 경우 $P_1^{i,j} = e_i + P_3$를 제시한다.

(2) 판매자 j는 $\lambda_j > \tilde{\lambda}$인 경우 제시된 가격이 $P_1^{i,j} \geq \lambda_j P_4$라면 제안을 수락하지만 나머지는 거절하고, $\lambda_j \leq \tilde{\lambda}$인 경우 $P_1^{i,j} \geq \tilde{\lambda} P_4$라면 제안을 수락하지만 나머지는 거절한다.

증명.

정리 2의 균형 개념은 베이지안 내쉬 균형(Bayesian Nash equilibrium)이다. 먼저 정리 2의 전략이 균형 전략임을 증명하고, 이를 따르지 않을 경우 이익이 감소함을 증명한다.

PPA 거래 시점에서 구매자와 판매자는 각각 e_i와 λ_j, $\tilde{e}$와 $\tilde{\lambda}$의 크기에 따라 K-RE100 REC 거래시장에서 기대하는 바가 달라진다. 구매자 i가 $e_i \geq \tilde{e}$인 경우 PPA에서 거래가 성사되지 않아도 K-RE100 REC에서 거래될 것을 기대한다. 따라서 PPA에서 거래가 성립될 경우 $v_i + e_i - P_1^{i,j}$를 기대하고, 거래가 성립되지 않을 경우 $v_i + e_i - E_1 P_2^B$를 기대한다. 이로 인해 $e_i \geq \tilde{e}$인 구매자는 $P_1^{i,j} = \tilde{\lambda} P_4$를 제시한다. 한편, $e_i < \tilde{e}$인 경우 PPA에서 거래가 성립되지 않으면, K-RE100 REC 거래시장에서도 거래가 어렵고 녹색프리미엄을 통해 재생에너지를 구매할 것으로 기대한다. 따라서 PPA에서 거래가 성립되지 않으면 $v_i - P_3$의 이익을 예상하여, PPA에서는 $P_1^{i,j} = e_i + P_3$를 제시한다. 판매자의 경우에도 구매자에 대한 증명과 유사하게 정리 2의 균형 전략을 증명할 수 있다.

이제 $e_i \geq \tilde{e}$인 구매자가 $P_1^{i,j} = \tilde{\lambda} P_4$가 아닌 다른 가격을 제시하는 경우를 고려해 보자. 판매자의 λ_j와 무관하게 구매자가 $\tilde{\lambda} P_4$보다 높은 가격을 제시한다면 구매자의 이익은 하락하기 때문에 더 높은 가격을 제시할 유인은 없다. 만약 $\lambda_j \leq \tilde{\lambda}$인 판매자와 매칭된 경우, $\tilde{\lambda} P_4$보다 낮은 가격을 제시한다면 판매자는 제시 가격을 거절하기 때문에 구매자와 판매자는 K-RE100 REC 거래시장으로 넘어가게 된다. 이 경우 구매자는 $e_i \geq \tilde{e}$이고 판매자는 $\lambda_j \leq \tilde{\lambda}$이기 때문에, K-RE100 REC 거래시장의 거래량은 한 단위 증가하지만 가격은 변하지 않는다. 한편, $\lambda_j > \tilde{\lambda}$인 판매자와 매칭된 경우에는 제시 가격을 낮춰도 여전히 기존과 마찬가지로 거래는 성사되지 않으므로 구매자의 이익은 변하지 않는다. 따라서 $e_i \geq \tilde{e}$인 구매자가 $P_1^{i,j} = \tilde{\lambda} P_4$가 아닌 다른 가격을 제시할 유인이 없다. $e_i < \tilde{e}$인 구매자에 대해서도 마찬가지로 증명할 수 있다.□

3. 정리 3에 대한 증명

정리 3. (1) $\hat{\lambda}$가 순증가한다면(strictly increase) $E\ell$은 약하게 감소하고 (weakly decrease), EP_2^o는 약하게 증가한다(weakly increase). 마찬가지로 Ek는 약하게 감소하고 $EP_1^{i,j}$는 약하게 증가한다.

(2) $\hat{e}$가 순증가한다면 $E\ell$와 EP_2^o은 모두 약하게 증가한다. 마찬가지로 Ek와 $EP_1^{i,j}$ 역시 모두 약하게 증가한다.

증명.

$\hat{\lambda} = E\lambda$가 순증가하는 경우(strictly increase)를 가정한다. 이 경우 $Es_{(j)}^* = E\lambda_{(j)} P_4$는 전반적으로 증가하게 된다. 반면, v_i와 e_i를 생성하는 F와 G는 고정되어 있고 P_3는 외생적으로 주어지기 때문에, $Eb_{(i)}$는 변하지 않는다. 따라서 기존에는 $Eb_{(\ell)} \geq Es_{(\ell)}$을 만족했던 경우에도, $E\lambda$의 증가로 인해 $Eb_{(\ell)} < Es'_{(\ell)} = Es_{(\ell)} + \alpha$가 발생할 경우 ℓ에 대한 기댓값인 $E\ell$이 감소한다. $E\ell$이 감소하여 K-RE100 REC 거래시장의 새로운 거래량의 기댓값이 $E\ell' < E\ell$을 만족하게 되면, $Eb_{(l')} > Eb_{(l)}$이므로 EP_2^B가 증가하게 된다. $\hat{e} = Ee$가 순증가하는 경우 역시 유사하게 증명할 수 있다.□

4. 정리 4에 대한 증명

정리 4.

(1) $\bar{e}+P_3<c$인 경우,

  (i) $\lambda_j>c/P_4$인 판매자는 재생에너지를 공급하여 RPS에 참여하지만, 그 외의 판매자는 재생에너지를 공급하지 않는다.

  (ii) $v_i\geq P_3$인 구매자는 녹색프리미엄을 통해 재생에너지를 구매하지만, 그 외의 구매자는 재생에너지를 구매하지 않는다.

(2) $\bar{e}+P_3\geq c$인 경우 모든 판매자가 재생에너지를 공급하는데,

  (i) $\lambda_j\leq\widetilde{\lambda_0}$인 판매자는 PPA 계약을 시도하고 K-RE100 REC 거래시장에 참여한다. $\lambda_j>\widetilde{\lambda_0}$인 판매자는 RPS에만 참여한다.

  (ii) $e_i<\widetilde{e_0}$ & $v_i\geq P_3$인 구매자는 녹색프리미엄을 통해 재생에너지를 구매하고, $e_i\geq\widetilde{e_0}$ & $v_i\geq\widetilde{e_0}+P_3-e_i$인 구매자는 PPA 계약을 시도하고 K-RE100 REC 거래시장에 참여한다. 그 외의 구매자는 재생에너지를 구매하지 않는다.

증명.

만약 $\bar{e}+P_3\geq c$라면, 가정 (2)에 따라 모든 판매자가 재생에너지를 공급할 유인이 발생한다($\lambda_j>(\bar{e}+P_3)/P_4\geq c/P_4$). 또한 재생에너지 구매에 대해 가장 높은 구매의사를 가지는 구매자는 c보다 높은 가격을 PPA와 K-RE100 REC 거래시장에서 제시할 유인이 발생한다. 따라서 $E_0P_2^S\geq c$가 만족된다. 이 경우 $\lambda_j\leq\widetilde{\lambda_0}$인 판매자는 우선 PPA 계약을 시도하고 K-RE100 REC 거래시장에 참여하며, $\lambda_j>\widetilde{\lambda_0}$인 판매자는 RPS REC 거래시장에서 재생에너지를 판매한다.

반면, $\bar{e}+P_3<c$라면, $c/P_4>(\bar{e}+P_3)/P_4=(E(P_2^B)+\bar{e}-\widetilde{e})/P_4\geq\tilde{\lambda}$이므로 $c/P_4>\lambda_j$인 판매자가 존재하게 된다. 또한 구매자가 PPA와 K-RE100 REC 거래시장에서 제시하는 가격은 c보다 높을 수 없다. 이 경우 $\lambda_j<\widetilde{\lambda_0}$인 판매자는 PPA나 K-RE100 REC 시장에서 판매할 유인이

사라진다. 오직 RPS REC 시장에서 이익을 기대하는 $\lambda_j \geq \widetilde{\lambda_0}$인 판매자만 재생에너지를 공급하게 된다. 결과적으로 PPA와 K-RE100 REC 거래시장에서는 거래가 이루어지지 않고, 녹색프리미엄을 통해 재생에너지를 구매할 때 이익을 기대할 수 있는 구매자만 재생에너지 거래시장에 참여하게 된다.□

5. 정리 5에 대한 증명

정리 5. (1) 만약 $P_0^M \leq P_0^D$이라면 외생변수에 따라 PPA 계약이 이루어질 수 있다.

(2) 만약 $P_0^M > P_0^D$이라면 PPA 계약은 이루어지지 않는다.

증명.

정리 2의 증명을 이용하면, 구매자는 $P_1^{i,j} \leq P_0^D + E_1 P_2^{'}$인 수준에서 PPA 가격을 제안하고 판매자는 $P_1^{i,j} \geq P_0^M + E_1 P_2^{'}$인 경우에만 제시가격을 수용한다는 것을 알 수 있다. 따라서 PPA에서 거래가 성사되기 위해서는 $P_0^M + E_1 P_2^{'} \leq P_1^{i,j} \leq P_0^D + E_1 P_2^{'}$을 만족해야 한다. 하지만 $P_0^M > P_0^D$인 상황에서 이 식은 항상 성립되지 않는다.□

■ ABSTRACT

Renewable Energy Policy in Korea

Yeochang Yoon

As global concern and crisis awareness regarding climate change continue to rise, pressure for greenhouse gas reduction and the use of renewable energy is increasing from global investors and supply chains. Reporting of non-financial information, such as corporate greenhouse gas emissions and energy usage, is gradually becoming mandatory, making renewable energy use an important issue not only at the national level but also at the corporate level.

Due to structural issues in the power market, domestic companies in South Korea were unable to separately purchase renewable energy. However, with growing demand for corporate renewable energy purchases, the K-RE100 policy for corporate renewable energy purchases was introduced in 2021. The K-RE100 policy provides various compliance methods, including Green Premium, K-RE100 REC purchase, direct Power Purchase Agreements(PPA), and third-party PPA.

The Green Premium allows companies to pay an additional premium on their existing electricity bills to purchase renewable energy from the Korea Electric Power Corporation (KEPCO). However, unlike other procurement methods, renewable energy purchases through the Green Premium do not allow companies to specify the type of renewable energy source, and the reduction achievements are not recognized in emission trading systems. Direct PPA involves a bilateral agreement where companies can purchase electricity and renewable energy certificates(RECs) from renewable energy generators. Additionally, through the K-RE100 REC market, companies can buy electricity from KEPCO and purchase RECs separately from renewable energy generators. With the introduction of the K-RE100 policy, voluntary markets for corporate renewable energy transactions are emerging.

In South Korea, on the other hand, the Renewable Portfolio Standard(RPS) system has been adopted since 2012 to expand the use of renewable energy. The RPS system mandates large power generators to supply a certain percentage of their total electricity production from renewable sources. To fulfill this obligation, large power generators can purchase RECs from renewable energy generators. Consequently, the RPS has led to the formation of a market for renewable energy transactions between large power generators and renewable energy generators.

As a result, the domestic renewable energy transaction market includes the K-RE100, formed by voluntary demand from companies, and the RPS, formed by regulatory measures. Buyers and sellers of renewable energy face the decision of choosing between these two markets. Buyers, such as companies, can purchase renewable energy through various methods in the K-RE100 market, such as Green Premium, K-RE100 REC, and direct PPA. On the other hand, large power generators participate in the RPS market by purchasing RECs. Despite the increasing number of companies in South Korea declaring RE100 participation, actual adoption of PPA and K-RE100 REC purchases has not been activated. According to surveys, companies prefer direct PPA, REC purchases, and Green Premium in that order, but actual compliance is concentrated on the Green Premium. Currently, the renewable energy transaction market does not seem to adequately reflect the demand for corporate renewable energy purchases. In this context, the price of the Green Premium is forming close to the floor set in auctions.

This study constructs a theoretical model for decision-making by renewable energy buyers and sellers in both markets and examines the relationships between compliance methods within the K-RE100 system. Furthermore, the study analyzes the relationships with adjacent systems such as the RPS, emission trading system(ETS), and electricity pricing in the power market.

Analyzing the results of the model, the regulatory characteristics of the RPS have a significant impact on the K-RE100 market. Renewable energy generators receiving high REC weights in the RPS show low incentives to sell in the K-RE100 market. Therefore, companies in the K-RE100 market face difficulties in diversifying renewable energy sources through direct PPA. Additionally, if compensation for renewable energy supply under the RPS increases, transaction volume decreases, and prices rise in the K-RE100 REC market. In situations where the Green Premium or ETS prices are excessively low compared to renewable energy generation costs, PPA and K-RE100 REC markets expreience difficulties, resulting in a bias towards corporate renewable energy purchases through the Green Premium. When electricity prices are lower than wholesale prices, in addition, PPA transactions are challenging to be active.

To adequately reflect the demand for corporate renewable energy purchases in the market, it is necessary to improve the K-RE100 policy by considering the interconnectivity between procurement methods and the additionality of renewable energy. The appropriateness of the Green Premium's price floor and sales volume selection should be reviewed, and continuous improvement and enhancement of direct PPA are required. South Korea's renewable energy policy has progressed based on the RPS, emphasizing obligations and compensation for renewable energy supply. Renewable energy policies should be redesigned by considering both the voluntary demand for corporate renewable energy and the RPS. Simplifying the REC weight distribution is necessary not only to address distortions in supply but also to rectify imbalances between procurement methods within the K-RE100. Furthermore, improvements to the RPS are needed to stimulate demand-side competition in the REC market. Finally, it is essential to recognize that distortions in adjacent systems, such as ETS and the power market, have a significant impact not only on those systems but also on the K-RE100 market.

KDI 신간안내

RECENT KDI PUBLICATION

분야별 재정지출의 경제적 효과와 정책시사점

이강구

정책연구시리즈 | 103쪽 | 정가 2,000원

본고는 분야별 재정지출의 경제성장효과를 산출하여 다른 기준보다 효율성을 강조하여 재원배분을 하려고 할 때 재정승수가 높은 지출성격들로 구성된 분야들에 대해 연구하고 있다. 이를 통해 효율적인 재정 투입의 분야별 우선순위나 재정사업의 구조조정 우선순위 등을 정하는 지침 등의 설정 시 합리적인 참고자료로 활용될 수 있을 것으로 기대한다.

대외 충격이 국내 실물경제에 미치는 영향: 러시아 지정학적 위험과 미 통화정책 불확실성을 중심으로

김준형

정책연구시리즈 | 68쪽 | 정가 2,000원

본고는 대외 불확실성의 확대가 국내 실물경제에 미치는 영향을 다각도로 분석하고 이에 따른 정책적 시사점을 제시하였다. 특히 최근 대외 불확실성 확대의 주요 원인으로 지목되고 있는 러시아의 지정학적 위험과 미국의 통화정책 불확실성에 집중하여 연구를 진행하였다. 분석 결과, 대외 불확실성의 확대는 투자와 산업생산 등 국내 주요 거시변수들을 크게 감소시키는 것으로 확인되었다.

디지털 전환에 따른 금융의 혁신과 개혁 방안

강동수 외

연구보고서 | 417쪽 | 정가 9,500원

디지털 금융혁신의 출발점은 금융서비스에 광범위한 데이터가 활용되면서 시작되었다. 또한 개인정보에 대한 보호 위주의 규제가 적극적인 활용을 허용하는 방향으로 개정되면서 정보통신기술과 금융의 융합이 크게 강화되었다. 그러나 금융혁신에 따른 새로운 업무나 유사한 비규제 업무에 대한 법률적 해석 및 적용은 금융당국 입장에서 도전적인 과제이다. 이에 본고는 금융혁신이 초래한 새로운 금융환경에 대한 금융정책의 재설계를 시도하고 있다.

저탄소경제 전환 전략과 정책과제

양용현 편

연구보고서 | 510쪽 | 정가 13,000원

본 보고서는 저탄소경제로 전환하기 위한 전략을 수립하고 이를 뒷받침하는 제도를 설계하며, 기후변화와 저탄소경제 전환이 가져올 수 있는 영향 분석 및 시사점을 도출하고 있다. 온실가스 감축계획, 저탄소 전기화 전략, 배출권거래제, 탄소차액계약제 그리고 디지털기술의 활용에 대한 정책방안을 제시한다. 나아가 취업자의 건강, 지역, 기업, 고용에 미치는 영향과 그린・에너지 인플레이션의 거시경제적 영향 및 시사점을 분석한다.

개인사업자 대상 경영교육・컨설팅 지원정책의 효과분석과 시사점

오윤해

정책연구시리즈 | 53쪽 | 정가 2,000원

본 연구는 국내에서 경영교육과 경영컨설팅을 지원받은 개인사업자가 1년 후 비수혜업체에 비해 고용인원, 매출이 더 증가하는지의 여부와 90일 이상의 연체 발생 확률이 더 낮은지의 여부를 이중차분기법으로 분석하였다. 분석 결과, 경영지원 정책의 수혜업체에서 고용인원이 유의하게 증가하거나 연체 발생 확률이 낮아지는 효과는 나타나지 않았으나, 도소매업에서는 수혜업체의 매출이 유의하게 높아지는 경향이 나타났다.

온라인 플랫폼에서의 정보 제공과 소비자 보호에 관한 연구

김민정

정책연구시리즈 | 47쪽 | 정가 2,000원

순차공개 가격 책정은 소비자의 행동 편향을 이용하여 소비자가 최선의 선택을 내리지 못하도록 방해하는 다크패턴 행위로 소비자에게 해로운 영향을 미칠 수 있는 관행으로 여겨지고 있다. 본 연구에서는 대표적인 숙박공유 플랫폼인 Airbnb에서 의무적 추가요금인 청소비가 거래 과정에서 뒤늦게 공개되던 것에 주목해서, 새로운 패널 데이터를 이용하여 공급자들의 가격 책정 전략이 시간이 지남에 따라 어떻게 변화하는지 분석했다.

부동산 자산시장 균형 조건과 기대인플레이션 결정요인 분석

조덕상

정책연구시리즈 | 63쪽 | 정가 2,000원

본 연구에서는 기대인플레이션 동학에 대한 단서를 찾기 위해 부동산 자산시장을 분석하고 있다. 부동산 자산시장에서 기대인플레이션에 대한 정보를 어떻게 추출할 수 있는지, 부동산 자산시장에서 추출한 기대인플레이션 지표가 기존의 기대인플레이션 지표와 비교하여 어떤 특징을 가졌는지, 그리고 기대인플레이션의 전파 경로로서 부동산 자산시장이 어떤 역할을 할 수 있는지를 실증분석과 이론분석을 통해 살펴보고 있다.

정책연구시리즈 2023-04

재생에너지 구매제도 및 지원정책 개선 과제

인 쇄 2023년 10월 27일
발 행 2023년 10월 31일

저 자 윤여창
발행인 조동철
발행처 한국개발연구원
등 록 1975년 5월 23일 제6-0004호
주 소 세종특별자치시 남세종로 263
전 화 (044) 550-4114
팩 스 (044) 550-4310

ISBN 979-11-5932-849-7

값 2,000원

* 잘못된 책은 바꿔드립니다.